U0339910

第一推动丛书:综合系列
The Polytechnique Series

四维旅行
Travels in Four Dimensions

[英] R.L.普瓦德万 著　胡凯衡 邹若竹 译
Robin Le Poidevin

湖南科学技术出版社

THE
FIRST
MOVER

总序

《第一推动丛书》编委会

　　科学，特别是自然科学，最重要的目标之一，就是追寻科学本身的原动力，或曰追寻其第一推动。同时，科学的这种追求精神本身，又成为社会发展和人类进步的一种最基本的推动。

　　科学总是寻求发现和了解客观世界的新现象，研究和掌握新规律，总是在不懈地追求真理。科学是认真的、严谨的、实事求是的，同时，科学又是创造的。科学的最基本态度之一就是疑问，科学的最基本精神之一就是批判。

　　的确，科学活动，特别是自然科学活动，比起其他的人类活动来，其最基本特征就是不断进步。哪怕在其他方面倒退的时候，科学却总是进步着，即使是缓慢而艰难的进步。这表明，自然科学活动中包含着人类的最进步因素。

　　正是在这个意义上，科学堪称为人类进步的"第一推动"。

　　科学教育，特别是自然科学的教育，是提高人们素质的重要因素，是现代教育的一个核心。科学教育不仅使人获得生活和工作所需的知识和技能，更重要的是使人获得科学思想、科学精神、科学态度以及科学方法的熏陶和培养，使人获得非生物本能的智慧，获得非与生俱来的灵魂。可以这样说，没有科学的"教育"，只是培养信仰，而不是教育。没有受过科学教育的人，只能称为受过训练，而非受过教育。

　　正是在这个意义上，科学堪称为使人进化为现代人的"第一推动"。

近百年来，无数仁人志士意识到，强国富民再造中国离不开科学技术，他们为摆脱愚昧与无知做了艰苦卓绝的奋斗。中国的科学先贤们代代相传，不遗余力地为中国的进步献身于科学启蒙运动，以图完成国人的强国梦。然而可以说，这个目标远未达到。今日的中国需要新的科学启蒙，需要现代科学教育。只有全社会的人具备较高的科学素质，以科学的精神和思想、科学的态度和方法作为探讨和解决各类问题的共同基础和出发点，社会才能更好地向前发展和进步。因此，中国的进步离不开科学，是毋庸置疑的。

正是在这个意义上，似乎可以说，科学已被公认是中国进步所必不可少的推动。

然而，这并不意味着，科学的精神也同样地被公认和接受。虽然，科学已渗透到社会的各个领域和层面，科学的价值和地位也更高了，但是，毋庸讳言，在一定的范围内或某些特定时候，人们只是承认"科学是有用的"，只停留在对科学所带来的结果的接受和承认，而不是对科学的原动力——科学的精神的接受和承认。此种现象的存在也是不能忽视的。

科学的精神之一，是它自身就是自身的"第一推动"。也就是说，科学活动在原则上不隶属于服务于神学，不隶属于服务于儒学，科学活动在原则上也不隶属于服务于任何哲学。科学是超越宗教差别的，超越民族差别的，超越党派差别的，超越文化和地域差别的，科学是普适的、独立的，它自身就是自身的主宰。

　　湖南科学技术出版社精选了一批关于科学思想和科学精神的世界名著，请有关学者译成中文出版，其目的就是为了传播科学精神和科学思想，特别是自然科学的精神和思想，从而起到倡导科学精神，推动科技发展，对全民进行新的科学启蒙和科学教育的作用，为中国的进步做一点推动。丛书定名为"第一推动"，当然并非说其中每一册都是第一推动，但是可以肯定，蕴含在每一册中的科学的内容、观点、思想和精神，都会使你或多或少地更接近第一推动，或多或少地发现自身如何成为自身的主宰。

再版序
一个坠落苹果的两面：
极端智慧与极致想象

龚曙光
2017年9月8日凌晨于抱朴庐

连我们自己也很惊讶，《第一推动丛书》已经出了 25 年。

或许，因为全神贯注于每一本书的编辑和出版细节，反倒忽视了这套丛书的出版历程，忽视了自己头上的黑发渐染霜雪，忽视了团队编辑的老退新替，忽视好些早年的读者，已经成长为多个领域的栋梁。

对于一套丛书的出版而言，25 年的确是一段不短的历程；对于科学研究的进程而言，四分之一个世纪更是一部跨越式的历史。古人"洞中方七日，世上已千秋"的时间感，用来形容人类科学探求的速律，倒也恰当和准确。回头看看我们逐年出版的这些科普著作，许多当年的假设已经被证实，也有一些结论被证伪；许多当年的理论已经被孵化，也有一些发明被淘汰 ……

无论这些著作阐释的学科和学说，属于以上所说的哪种状况，都本质地呈现了科学探索的旨趣与真相：科学永远是一个求真的过程，所谓的真理，都只是这一过程中的阶段性成果。论证被想象讪笑，结论被假设挑衅，人类以其最优越的物种秉赋 —— 智慧，让锐利无比的理性之刃，和绚烂无比的想象之花相克相生，相否成成。在形形色色的生活中，似乎没有哪一个领域如同科学探索一样，既是一次次伟大的理性历险，又是一次次极致的感性审美。科学家们穷其毕生所奉献的，不仅仅是我们无法发现的科学结论，还是我们无法展开的绚丽想象。在我们难以感知的极小与极大世界中，没有他们记历这些伟大历险和极致审美的科普著作，我们不但永远无法洞悉我们赖以生存世界的各种奥秘，无法领略我们难以抵达世界的各种美丽，更无法认知人类在找到真理和遭遇美景时的心路历程。在这个意义上，科普是人类极端智慧和极致审美的结晶，是物种独有的精神文本，是人类任何其他创造 —— 神学、哲学、文学和艺术无法替代的文明载体。

在神学家给出"我是谁"的结论后，整个人类，不仅仅是科学家，包括庸常生活中的我们，都企图突破宗教教义的铁窗，自由探求世界的本质。于是，时间、物质和本源，成为了人类共同的终极探寻之地，成为了人类突破慵懒、挣脱琐碎、拒绝因袭的历险之旅。这一旅程中，引领着我们艰难而快乐前行的，是那一代又一代最伟大的科学家。他们是极端的智者和极致的幻想家，是真理的先知和审美的天使。

我曾有幸采访《时间简史》的作者史蒂芬·霍金，他痛苦地斜躺在轮椅上，用特制的语音器和我交谈。聆听着由他按击出的极其单调的金属般的音符，我确信，那个只留下萎缩的躯干和游丝一般生命气息的智者就是先知，就是上帝遣派给人类的孤独使者。倘若不是亲眼所见，你根本无法相信，那些深奥到极致而又浅白到极致，简练到极致而又美丽到极致的天书，竟是他蜷缩在轮椅上，用唯一能够动弹的手指，一个语音一个语音按击出来的。如果不是为了引导人类，你想象不出他人生此行还能有其他的目的。

无怪《时间简史》如此畅销！自出版始，每年都在中文图书的畅销榜上。其实何止《时间简史》，霍金的其他著作，《第一推动丛书》所遴选的其他作者著作，25年来都在热销。据此我们相信，这些著作不仅属于某一代人，甚至不仅属于20世纪。只要人类仍在为时间、物质乃至本源的命题所困扰，只要人类仍在为求真与审美的本能所驱动，丛书中的著作，便是永不过时的启蒙读本，永不熄灭的引领之光。

虽然著作中的某些假说会被否定，某些理论会被超越，但科学家们探求真理的精神，思考宇宙的智慧，感悟时空的审美，必将与日月同辉，成为人类进化中永不腐朽的历史界碑。

因而在25年这一时间节点上，我们合集再版这套丛书，便不只是为了纪念出版行为本身，更多的则是为了彰显这些著作的不朽，为了向新的时代和新的读者告白：21世纪不仅需要科学的功利，而且需要科学的审美。

当然，我们深知，并非所有的发现都为人类带来福祉，并非所有的创造都为世界带来安宁。在科学仍在为政治集团和经济集团所利用，甚至垄断的时代，初衷与结果悖反、无辜与有罪并存的科学公案屡见不鲜。对于科学可能带来的负能量，只能由了解科技的公民用群体的意愿抑制和抵消：选择推进人类进化的科学方向，选择造福人类生存的科学发现，是每个现代公民对自己，也是对物种应当肩负的一份责任、应该表达的一种诉求！在这一理解上，我们将科普阅读不仅视为一种个人爱好，而且视为一种公共使命！

牛顿站在苹果树下，在苹果坠落的那一刹那，他的顿悟一定不只包含了对于地心引力的推断，而且包含了对于苹果与地球、地球与行星、行星与未知宇宙奇妙关系的想象。我相信，那不仅仅是一次枯燥之极的理性推演，而且是一次瑰丽之极的感性审美……

如果说，求真与审美，是这套丛书难以评估的价值，那么，极端的智慧与极致的想象，则是这套丛书无法穷尽的魅力！

献给我在利兹大学的学生，
过去的和现在的。

那么，空间和时间是什么呢？它们是真实的存在吗？或者只是事物的规定或关系，并且即使它们不能为直觉感知也仍然是这样从属于事物吗？还是空间和时间只属于直觉的形式，因而从属于我们意识的主观构造，并且离开这些主观构造它们就不能归因于任何事物呢？

康德（Immanuel Kant），《纯粹理性批判》

哲学中一切重大问题的解决都依赖于对时空是什么——特别是这两者是如何相互联系的问题的解答。

亚历山大（Samuel Alexander），

《空间、时间和神灵》

前言

　　小时候我家里有一部七卷本的，20世纪30年代早期出版的儿童小百科全书——《纽恩图文知识库》。这几本书是我母亲的，它们伴我度过童年的许多时光。每卷书的后面都有一篇令我特别着迷的文章，一页页地翻过去就可以看见牡蛎、青蛙、犬蔷薇、蜜蜂（特别可怕）和许多别的生物的内部构造图。修道士培根[1]的故事出现在讲述著名的科学家和发明家的那卷里。书里说培根花费了多年的心血用黄铜制造了一个人头。据他讲，这个人头立刻就说了些精彩的话。然后他一直盯着人头等啊等，等着它再说话。但培根等累了，于是就派了一个修道士守着它，并吩咐人头一说话就马上喊他。过了有那么一会儿功夫，铜人头的嘴唇开始嚅动，说了句"时间正在进行。"想到这句话意义不大不值得去喊培根，这个修道士就没动，等着看人头还会说什么。半小时之后，人头又说"时间正在过去。"修道士还是坐着没动。又半小时之后，人头说了第三句也是最后一句话："时间完了"。然后它自己撞到地板上摔成了碎片。修道士立刻把这个不幸的消息告诉了培根。培根得知人头在他不在的时候开口说了话并且已经毁掉了的消息，非常懊丧。后来他又做了很多铜人头，但再也没有一个会说话的。

---

1. 培根（Roger Bacon，1214—1292），英国思想家，实验科学的先驱者，是英国佛朗西斯科派的修道士，强调理论必须经过实践证明。本书的注释都是译者加注的。

　　百科全书这一部分的撰写者明智地提醒读者，这个故事只是一个传说。但即使不是真的，这也表明了和培根同时代的人以及后来的人对他的尊敬。我幸好没注意到这个提醒，而被这个我认为是千真万确的故事迷住了。它使我相信时间的秘密正是打开生命之门的钥匙，而且这些秘密的知识可能是危险的，甚至不能为人类的心智所知晓。我就这样迷上了时间，虽然我不知道该到哪里去寻找启迪。几年后，我又重新点燃了对时间的兴趣，那是有一次我的父亲突然很凑巧地提到邓恩（ J. W. Dunne ）的《时间实验》。这本书在1927年第一次出版的时候就非常畅销，还影响了普里斯特利[1]的时间剧。父亲说这本书讲的是关于时钟表盘的一个梦。这个梦看起来好像表明了人能看见未来，但后来证明这是错误的（邓恩对这个梦的描述附在本书的后面）。我不知道用什么来反驳我父亲头脑里的想法。但是，在这之后的某个时间，当我找到这本书时，我既对书中梦的描述激动万分，又对我无法理解邓恩用来解释这些梦的理论而感到沮丧 —— 这个理论的奇特之处现在仍然给我留有深刻的印象。

　　我开始思索有关时间的哲学问题，是在我成为一名研究生后。我记得当第一次接触到麦克塔格特（ McTaggart ）对时间非实在性的证明时，我感受到的强烈震撼。它使我相信：第一，过去、现在和将来在实在中没有绝对的区别；第二，这说明把我们自己看作在时间里移动的观察者根本是错误的。时间和自我之间的密切联系，确实是本书所讨论的哲学悖论对我们有如此大的魔力的一个来源。许许多多的哲学问题都受时空观点的影响。可以毫不夸张地说，这两者居于形而上

---

1. 普里斯特利（ John Boynton Priestley, 1894 — 1984 ），英国剧作家、小说家和批评家。

学探索的最核心。

这本书脱胎于我多年来在利兹大学所做的名为"空间、时间和无限"的系列演讲。写这本书的目的主要是想向读者介绍一些有关空间和时间的经典悖论和问题。而这些正是我们开始思考这两个难以捉摸的概念的地方。介绍时空的理论反而是次要的目的。虽然我在书中也提供了一些理论的注解，我也相信它们对形成这些问题的初步思想有所帮助。但我还是想把这一点说清楚。问题本身才是激发独立思想的来源。如果读者对这些问题就像我曾经那样的激动，急切感到需要寻找这些问题的答案，那么，我的目的就算达到了。我勾勒了一些可能的答案。但我不是福音书的作者，我愿意鼓励大家带着深深的怀疑精神来对待我尝试的结果。为了进一步激发独立的思想，我在每一章的结尾都为读者提出了几个问题，在书的最后也有一个问题集。绝大部分章节都要比一篇期刊文章所能容忍的要散乱、自由。但是，在我认为一条思路弄错了的地方，我就照直说。并且在我对一个争论有自己的视角的地方，我就去追寻它。因为本书是以康德的问题"空间和时间是什么"开头的，所以，读者自然期待能有某种答案。然而，最后的综述部分应该看成是本书表达的一些重要思想的总结，而不是一个明确的结论。这在一本介绍性的读物中是不太合适的。那些希望找到基础理论更全面、对这个主题更少入门式的介绍或者对某个观点更少折中式辩论的读物的人将在本书所附的"进一步的读物"中得到一些建议。

我再次强调这只是一本空间和时间的哲学入门书。整本书关心的是我们通常的时空观点所导致的概念性的问题和困难。书中我不得不介绍了最低限度的物理知识，因为在讨论这些问题时如果不提及一些物理知识将是很难走远的。但要强调的是，这不是一本通俗的科学读物，也不是关于时空物理的基本原理的入门读物。比如我没有讨论狭义或广义相对论。我认为对经典的悖论和问题的概念性分析对思考时空的物理来说是重要的入门训练。同样，想寻找有关时空物理学基本原理的人可以在后面的"进一步的读物"中找到建议。但是对这一点我还应该特别提及丹顿（Barry Dainton）的出色著作《时间和空间》。这本书在我的书终稿的时候就已经发行了。丹顿的书把我们这里讨论的一些问题更深入了几个层次。

熟悉这些文献的人将非常清楚我的方法所受的影响。我要向下面这些人表示衷心的感谢，他们的著作对我有着特别重要的影响，也是我灵感的源泉：Bas van Fraassen，Graham Nerlich，Bill Newton-Smith，Hugh Mellor，Huw Price 和 Richard Sorabji。

和许多朋友、同事的谈话交流也有助于我对空间、时间和相关问题的思考。这里，我要感谢 James Bradley（从他口中我第一次知道格林尼治事件），Jeremy Butterfield，Peter Clark，Heather Dyke，Steven French，Jonathan Lowe，Hugh Mellor（他给我的帮助实在太多了），Mark Nelson，Sharon Ney，Nathan Oaklander，Peter Simons，Quentin Smith 和已故的 Murray MacBeath。

多年来还有一个永不衰竭的灵感源泉来自我有幸指导的利兹大学的本科生和研究生。在活跃的讨论时间和空间的辅导课上我度过了许多快乐时光。有很多次我发现自己把背靠在墙上试图来捍卫那些遭到有力反驳的观点。我受了他们中间太多人的恩惠以至不可能给出一个详尽的名单，但需要特别提到的人有：Andrew Bennett，Catherine Cour-Palais（née Sale），Claudia Courtis，Louisa Dale，Jim Eccles，Nikk Effingham，Nathan Emmerich，Heather Fotheringham，Martin Gough，Nick Jones，Danni Lamb，Kathryn Le Grice（née Davies），Olaus Mcleod，Danielle Matthews，Stephen Mumford，Rebecca Roache，Jason Sender，Chris Taylor，Alice Temple，Sean Walton，Tom Williams。我以最诚挚的心意将本书献给这些人，献给我以前的和现在的所有学生。

致谢

R. L. 普瓦德万
2002 年 5 月

我在这里要特别向牛津大学出版社的莫姆提切罗夫（Peter Momtchiloff）表示感谢。正是他首先建议我写这本书，是他在这项计划证明要比我预期的时间长得多的时候鼓励我，并在一个编辑的职责之外仔细地阅读了整部打印稿，提出了许多宝贵的意见。

本书有许多地方都得到普赖斯（Huw Price）的帮助，尤其是最后一章。此外，他还阅读了整部书稿并提供了许多锐利深刻的批评和建议。除了对这些表示谢意之外，还要感谢他使我注意到第10章里所引用的《随笔》杂志的信。

第9章是从我的《芝诺的箭和现在的意义》一文中提出来的。这篇文章收集在卡伦德（Craig Callendar）主编的《时间、实在和经验》里（剑桥出版社，2002）。这里要感谢编辑允许我重新使用那篇文章里的一些材料。

目录

第 1 章　　001　　时间的测量

　　　　　　　001　　格林尼治的意外事件
　　　　　　　005　　度量、约定和事实
　　　　　　　008　　时间和自然律

第 2 章　　013　　变化

　　　　　　　013　　作为变化的时间
　　　　　　　018　　没有变化发生的时间？
　　　　　　　025　　皆事有因

第 3 章　　031　　没边的盒子？

　　　　　　　031　　两个世界相遇的地方
　　　　　　　032　　亚里士多德反对虚空
　　　　　　　035　　罐、泵和气压计
　　　　　　　037　　真空的教训
　　　　　　　043　　多余的空间
　　　　　　　045　　寻找绝对运动

第 4 章　　053　　曲线和维数

　　　　　　　053　　被取代的欧几里得几何
　　　　　　　058　　可以感知的空间

062　一只手

067　高于三维？

第 5 章　074　时间的开端和结尾

074　创世的回音，末日的征兆

077　充足理由律的局限

080　过去可能是无限的吗？

085　大循环

第 6 章　091　空间的边缘

091　站在边缘的阿基塔

094　宇宙之外还有空间吗？

097　无限的错觉

第 7 章　103　无穷和悖论

103　芝诺：乌龟如何打败了阿基里斯

106　对芝诺的两个回应：无穷小量和有限论

109　汤姆逊的灯

113　跃变的难题

117　德谟克利特的锥

121　空间和时间的原子

第 8 章 125 时间会流逝吗？

125 流逝之谜

130 麦克塔格特对时间非实在的证明

140 第一个回应：现在主义

144 第二个回应：B- 理论

147 为什么只有一个现在？

第 9 章 152 像放电影的宇宙

152 迈布里奇的马和芝诺的箭

153 瞬间没有运动？

160 现在没有运动？

164 芝诺和现在主义者

第 10 章 169 干预历史

169 失去的日子

172 可改变的过去

180 时间旅行者的两难困境

189 颠倒的因果关系

第 11 章 192 我们之外的时间和空间

192 概率和多元宇宙

197　　分支的空间

199　　反驳和结果

第 12 章　　209　　时间箭头

209　　隐藏的路标

213　　三个箭头，事物为什么会解体

220　　意识的过去

225　　时间的种子

228　　平行的原因

230　　时间顺序只是局部的吗？

233　　原因可以和它们的结果同时吗？

236　　无方向的宇宙中方向的意义

242　　综述

256　　邓恩的梦和其他一些问题

264　　进一步的读物

273　　参考文献

279　　名词索引

294　　译后记

1 # 第1章
时间的测量

斐拉莱特：如果我们能把过去的一日保存下来以便和未来的日子作比较，就像我们保存空间的量度那样，我们对时间的量度就会更准确些。

—— 莱布尼茨，《人类理智新论》[1]

格林尼治的意外事件

1894年2月15日的晚上，有人在靠近格林尼治皇家天文台的公园里发现一位正处于极端悲惨境地的男子。很显然，他可能是在携带炸药（也可能是在排除爆炸物）时不慎炸伤了手。伤口不久就要了他的命。因为事情发生在格林尼治公园，人们自然就推测他图谋炸掉天文台。围绕这个扑朔迷离的意外事件，康拉德（Joseph Conrad）在《密
2 使》中杜撰了一位双重特工受外国势力的指使去炸断"第一根子午线"（即格林尼治天文台）的故事。这种被视为攻击科学和技术本身的行为会激起人们的愤慨，而且能比袭击某个名人或者一群无辜平民更巧妙地引发社会混乱。

---

1. 莱布尼茨（G. W. Leibniz，1646 — 1716），德国著名数学家和哲学家。译文引自《人类理智新论》（上）（陈修斋译，商务印书馆，1982）。

到1894年，格林尼治已经具有了一种很特殊的意义：它不仅标记了零度经线，而且代表着时间的标准化。在19世纪很长的一段时间里，英国的不同城市都有各自的时间。从一处到另一处的旅客经常不得不在到达某个地方后调整他们随身携带的时钟。铁路的出现使得消除这种地域间的时间差日益重要，于是，1852年出现了所谓的标准的"铁路时间"。后来在1880年英国议院通过了时间标定法案。该法案以格林尼治天文台时钟的时间为通用时间。我们也许可以设想一下，通用时间的设立很可能会在英国的一些地方招致如同今天别的一些地方对单一欧洲货币一样的愤恨，虽然不能非常肯定这种情绪会发展到需要炸掉天文台的程度。

标准时间的想法意味着需要一台标准的时钟。这就产生一个问题：对一台时钟来说，完全准确是指什么？比如，我注意到我的落地大座钟和我那只20世纪50年代的手表有点偏差时，才知道它慢了。但和上个星期买的电子表相比，我发现我的手表每天要慢几分钟。要是有可能以铯原子钟为标准来和这只电子表对比，我们无疑会发现一些更进一步的差别。当然这样下去会有一个极限，最终我们可以找到一种想多准确就多准确的计时工具，并以此作为校准其他时钟的标准。好的，那么再追问这样得到的计时器真的准不准还有意义吗？猛一想也许会让人觉得很奇怪。的确，人人都可以对任何一种计时方法是否真的准确心存疑问。一台时钟真的准确，指的是在并且只有在两次相[3]邻的周期运动（比如一个钟摆的相继摆动）真的经过相同时间的时候，它能够判定这两次运动的持续时间是相等的。但是又有一个新问题，我们简直没办法确切知道有什么东西符合这要求。我们只能拿一台时钟和另一台时钟比较。

　　在实际生活中，我们是如何决定某种计时的方法是（至少在可接受的程度内）准确的呢？有一个办法。我们可以选用一台时钟，然后复制很多台，并且复制品应该尽可能与原物在尺寸和材料上接近，还要注意保证它们处在同样的环境里（比如不能把它放在更热的地方，或者使它承受更大的震动、压力等）。然后我们校准这些钟，让它们开始走。接下来我们应该观察它们是一直保持同步呢还是最终出现不同步。如果说几天后它们的步调明显不一致，那么我们就知道这种测量时间的方法不是特别可靠。但是反过来，如果它们每一步都走得一模一样，用专业的话来说就是它们保持全筹，那么我们就确信找到了一台相当准确的时钟。全等保持得越久，这方法就越准确。

　　然而，看来我们能够接受的只是一台能常年和它的复制品保持全等的时钟，而不是能够准确无误地测量时间的时钟。我们所谓的完全准确，不单是与标准时钟相一致，而且指准确地度量时间本身。我们想当然地认为时钟就是用来度量时间的。但是如果我们再仔细想一想，这种习以为常的观念也许有些特别的地方。对一台仪器来说，测量时间指什么呢？鲍乌斯玛（O. K. Bouwsma）写的一个故事《时间的神秘》（或《不明白时间的人》）准确把握了测量时间想法的奇特之处。故事的主角被时钟搞糊涂了。人家告诉他在测量时间，但是，虽然他瞧见这些人正在做所谓测量的活，却仍然不明白他们测量的是什么。对其他种类的测量仪器来说，测量什么是很清楚的。例如一条皮尺丈量的是布料的长度，一对天平称的是面粉的质量，一只量瓶测量的是水的体积，等等。这些例子中测量的东西是清清楚楚看得见的，可时钟记录的似乎是不能为我们所感觉的东西。也许世界上真的有某种看不见的永恒的流体流过这些时钟，使得指针绕着刻度盘转？也许根本就没有什么时间，只是机械自己在没有外力的作用下运转？我们的主人公开始怀疑测量时间只不过是一种骗人的玩意。实际上这个故事与《皇帝的新装》正好倒过来了：本来没有什么欺骗人的把戏，时钟的确在度量某种看不见的东西。

最初我们会笑话这个人傻得可爱。他在唯物主义者的观点上走得如此之远，想当然地以为任何可测量的东西就一定能看得见。但问题还没那么简单。时钟通过它自己是一个时序过程来记录时间的流逝。我们自己也在成长的过程中记录时间的流逝，季节的循环也只不过是表明滚滚向前的时间之流的另一种变化。所以时钟就像我们一样通过自己的变化记录下变化，只不过时钟是一种特殊的规则的变化。现在我们开始明白，用时钟测量时间这种想法的古怪之处在于：与厨房里的秤不同，它们和它们要测量的东西不是完全无关的。因为当人们谈论时间的时候，他们不正是在用一种抽象的方式谈论变化吗？想想我们是如何感受到时间的：朝窗外看时我看见一个马栗果在微风中晃动，看见一只鸟落到树枝上稍息片刻然后又飞走了；我听到路上一辆汽车开过时的轰鸣声；远处传来的教堂的钟声告诉我现在是三点钟。闭上眼睛，捂住耳朵，我还是能够感觉到我驰骋的思想。所有这些都提醒⁵我时间在流逝。换句话说，我通过感觉变化来感觉时间。所以也许时间和变化就是一回事。运动着的物体，变化着的感情，正在发声的时钟，所有这些都是时间。或许我们自然而然就是这么想的。因此用时钟来计时的奇怪之处在于：它们和它们要测量的东西是一回事。于是我们又回到开头的问题——正确测量时间或者不正确测量时间是指什么呢？而这次更加困惑。特别是，如果说一台时钟正在测量的是它自己的变化，那又怎么可能出错呢？

　　说到这里，我们需要先稍微理清一下已经有点脱缰的思想。目前有三个问题需要解决：对一台时钟来说准确是指什么？时间和变化是一回事吗？如果是，这两个问题之间又有什么联系？本章剩下的内容将关注第一个问题，其余的放在这章之后讨论。

度量、约定和事实

　　我们在前面的讨论中注意到一点，虽然可以测试出某类计时器比其他的要准确，但不可能知道一件计时器是百分之百的准确。因为每件计时器的准确性都必须通过其自身准确性也成问题的其他计时器来判定。我们不能离开发生在时间里的变化来测量时间本身，以判断一台时钟是准确还是不准确。甚至我们不是完全清楚，如果时间独立于这些变化而存在，那么它还有没有意义。

　　有两种态度来应对我们测量时间的局限性。第一种是完全无视这种局限性。一旦我们选定了标准时钟，不管它是铯原子钟还是日晷，标准时钟是否准确的问题是毫无意义的。法令规定它是准确的。取定标准时间的那个法案授予了它百分之百的准确性。所有的计时器都和这台标准时钟对比：只有当一台计时器与标准时钟一致时它才是准确的。这也就得出标准时钟不会不精确（或许精确性的概念对标准时钟来讲没有实际的意义）。因为标准的选择不过是约定的问题，虽然约定也不是完全随意的，所以这种观点被称为时间度量的约定主义。重要的是把这种相当有争议的观点与那种很容易就得出的，认为约定就是选择某种计时单位的观点区分开来。比如我们把一天的时间分成时、分、秒不是天生注定的，而是看方不方便。（有趣的是在这个十进制时代里，克取代了磅和盎司、码让位于米，在英国1先令换成了5便士，但是一天依旧是24小时。虽然曾经强制推行过十进制的时间系统，比如大革命后的法国，但今天只能在博物馆里见到一些十进制的时钟）。约定主义的方法约定的不仅包括时间的单位，而且包括两个给定的相邻时间间隔长度的等价性。比如，在你最近的三次心跳中，第二次和第三次的时间间隔与第一次和第二次的间隔一样吗？可能根据某种约定的计时方法它们是一样的，而在另一种方法它们不一样，但它们是不是真的一样呢？约定成规的方法一点也解决不了这样的问题。这就好比问毒菌真的有没有毒一样：它对有些动物来说是有毒，但对其他一些动物来说没毒。（当然，毒菌对某种动物有没有毒不单是约定的问题！）

第一种态度对我们直接用时间本身来检验时钟的准确性爱莫能助，那么第二种态度，时间度量的客观主义，又怎么样呢？对心跳的问题，第二种方法确实有答案。从客观主义的观点来看，无论我们能否觉察到两个相继的时间间隔相等，它们相不相等是个客观的事实，而与习惯采用哪种测量系统无关。（这里，"测量系统"指比较时间间隔的方法，而不是指时间单位。）客观主义不时声称时间有一个内在的度量。这种说法当然不是指时间真的可以分为一小时、两小时，并且我们正好偶然发现了这个正确的测量单位，而是指，这一对相继的时间间隔相等和那一对不相等与测量时间的方法无关。客观主义的一个推论是，世界上有些事实是无法知道的，也就是说我们永远不能肯定它们是否真的存在。这不是什么我们假以思考就能解决的偶然的缺陷，而是有可能永远无法解决的。对一些人来说这个结论不可接受。以前某个时期有个有很多追随者的哲学理论，现在以新面孔出现的它仍然还有不少的信徒。该理论的要点是：如果对于一个给定的关于现实世界的陈述，无论我们处于多么理想的位置，都无法发现它是对还是错，那么理论上这个陈述既不是对的也不是错的。这种观点是一种证实论的观点。某些证实论走得更远，说法更极端：在这种情况下，正在谈及的陈述实际上是没有意义的。但是，目前我们可以限制在一个更温和的观点（这个观点的说法和前面稍微不同）：至少原则上说，这个世界里没有什么是我们所无法知道的，也就是说没有什么东西本质上是不可知的。就客观主义承认这种不可知事物的程度而言，任何一位赞成用证实论的眼光来看待事实的人都会反对它。

约定主义为鲍乌斯玛的主人公提供了一些安慰，告诉他不用去寻找时钟测量的是什么不可捉摸的东西。因为实际上它们根本没测量到什么东西。也就是说为时钟所操控的世界不具有客观的性质。时钟只不过是一种机械装置，可以使我们的生活有序，让我们同时会面，彼此之间可能全等，也可能不全等。事情就是这样。但是，我想我们的直觉引导我们朝向客观主义的方向。可是在这种情况下，难道我们就不用再为那些客观主义说存在但又无法知道的事实而苦恼吗？是不是就不用再怀疑，既然我们没有用到像两个时间间隔相等（虽然我们不可能证明这点）这样假定的事实，我们干脆就不要这些事实呢？

这些绝不是答案显而易见的设问句。使人担心的是，它们好像需要自然地假定时间的度量（即事物经过多长时间）是个事实，而不是个约定的问题。我们如何处理这种担心呢？

时间和自然律

　　制作多台完全一样的时钟，然后观察它们是否保持一致，是检验某种时钟准确与否的一种方法。就如我们所说的那样，这种方法是完全非决定性的。可还有另外一种方法，就是看时钟传递的东西是不是符合运动的定律。先考虑下面的定律：

> 　　一个物体在没有外力的作用下保持静止或匀速运动；
> 物体的加速度是它的质量和所受力的函数，即力＝质量×
> 加速度。

它们分别是牛顿第一和第二运动定律。这两条定律都暗地里引入了等时间隔的概念。如果一个物体在一连串相同的时间间隔里总是走过相同的距离（比如每秒1英寸），那么它就是在做匀速运动。而如果它在下一个时间间隔始终比上一个走得要多（或少），那就是在做加速（或减速）运动。然后我们可以做一个实验，用时钟来测量一个物体的运动速率以检验该时钟的准确性。[9]

　　下面设想我们给质量已知的物体加上根弹簧。通过这根弹簧我们拖着这个物体以变化的速度在地面运动，作用在物体上的力可以通过弹簧拉伸的长度测得。在正确地校准弹簧，标记好一系列物体要通过的相等距离后，我们选好要测试的时钟，然后进行系列实验。给物体施加不同的力，让它以不同的速度或不同的加速度运动，同时用选定的时钟测量运动经历的时间。最终我们得到一长串的力和加速度的数对。如果结果和前面接受的运动定律一致，那么至少可以近似地认为我们的时钟是准确的。如果结果不吻合，就可以认为它是不准确的。

当然，这两个定律开始肯定是凭借时钟建立起来的。所以我们对它们的深信不疑也不是和测量时间的方法无关。但不管怎么说，我们把测量时间的方式和我们发现的支配运动的定律联系起来了。有些时钟给出的联系运动和力之间的规律相对简单些，有些给出的要复杂得多，其余给出的则根本没什么特定的规律可言。我们自然假定所处的世界是有序的，因而在物体所受的力和由此产生的运动间应该存在特定的关系，并且简单的关系肯定比复杂的关系更受人喜欢。于是我们有了在不同时钟间选择的准则。（当然，上面很粗糙的实验不足以分辨两台不同时钟间的细微差别，但我们还可以设计其他的实验。）

10　　运动定律和时间测量之间的联系是伟大的数学家欧拉（Leonhard Euler，1707 — 1783）首先提出来的。他在圣彼得堡科学院先是担任物理学科的讲席，后来则是数学学科的讲席。欧拉是数学的一门分支拓扑学的创立者。他在他的著作《时间和空间的沉思》里提出，如果以某个给定的循环过程为单位时间而发现牛顿第一定律成立的话，这个过程就是周期的（即每次循环都经过相同的时间）。

这就为客观主义者在时间度量的问题上提供了一些反驳约定主义者的论据。首先，我们能够用支配运动的定律来检验不同时钟准确性的事实，毕竟暗示了和时间度量有关的事实不是不可知的。所以，约定主义者说客观主义者被迫假设了某些不可知的东西，未必站得住脚。其次，认为运动定律是世界真实的描述确实可以推出时间度量是客观的。如果某某质量的物体正好能被相应大的作用力加速就是客观事实，那么某些相邻的时间间隔比其他的时间间隔更长、更短或者相等也是客观事实。

这些当然是很有意义的想法，但并不是说可以就此定论。回到第一点，如果我们能确信我们对力和距离的测量是准确的，那么我们的实验就能成功地检验时钟的准确性。但我们并没有资格作这样的假定。我们是如何测量相等的距离呢？也许是通过一把尺子。这肯定使得空间的测量比时间的测量更容易，因为我们不能把同一个"时间尺"从某一个时间传到另一个时间（比如两次敲钟的间隔）。但空间的测量也不保险，我们不能完全确信当把尺子从一个地方移到另一个地方的时候它的长度保持不变。因此考虑到这种不确定性，我们在实验中检验的不仅是时钟的准确性，而且是我们整个测量系统的准确性。甚至[11]得到了我们预期的结果，我们也不能确信一两次的测量是准确的，因为也许是我们距离或力的测量上的欠缺抵消了时间测量上的欠缺。但我们做的实验越多，这种可能性就越小。

客观主义者反对约定主义者的第二点更有意义，即承认运动定律的客观真实可以推出时间度量的客观性。但约定主义者会答复说，运动定律本身也仅仅是一种约定。定律无疑是非常有用的，它们可以正确预测我们在运动的实验中所能观察到的结果，但它们的有用并不能得出它们是真实的。比如在和计算机下国际象棋的时候，把意识的一些状态赋予计算机是有用的：它想吃那只象，它愿意牺牲那只马，它知道我想攻击它的王后，等等。计算机真的处于这些状态吗？它有意识吗？绝大部分人的回答倾向于没有。但是把计算机看作似乎有意识能预测下一步棋是很有用的。这比试图通过电路产生的电子脉冲来计算它的行为容易得多。约定主义也许坚持说运动定律就是这么回事。自然，认为运动定律就是描述了我们周围世界的某些东西，比如相同的时间、相同的长度、相同的力，是很省事的，但它们不是真的如此。人们能在多大的程度接受约定的观点呢？量的概念是非常基本的，事实上也是不可或缺的。没有它我们不足以描述我们的世界、活动在这个世界，或预测将要发生什么。真的很难相信事物的量的概念竟然刻画不出事物实在性的状况，而这些状况都应该是存在的，无论人们是否想去描述它们。

当然，时间度量的约定主义观点是专对时间而言。它没有公开说到和其他量有关的什么东西。但我们已经看到不可能只认为时间是约定的。约定的观点有着更深的牵涉很广的结果。我们不得不认为运动定律 —— 任何运动定律，不仅是牛顿定律 —— 都不是对世界的真实描述。这不是因为它们仅仅是种近似的描述，而是因为它们根本没能概括出世界的真实性质。因此约定主义的确是一个非常大胆的观点。

有人会抱怨迄今为止我们只不过是围着困扰鲍乌斯玛的主人公的问题在转：时钟测量的究竟是什么？接下来该到正面回答这个问题的时候了。

问题

　　为什么人们可能会觉得"通用时间"的想法很讨厌？由此可以看出人们是如何思考时间的吗？

　　你会对鲍乌斯玛书中那个不知道时间是什么的男主角说点什么呢？

　　如果一个事件是否比下一个事件长不是客观事实，那么，又如何知道一些过程比另外的过程能更好地测量时间呢？

第2章
变 化

停下来吧，你们这些运转不息的星球

这样时间就会停止，午夜也永不会再降临。

—— 马洛[1]，《浮士德博士》

作为变化的时间

奥登（W. H. Auden）在一首悼念朋友（是真的？还是假想的？）的诗中写道："让所有时钟都停下。"悲伤能让时间凝固。更恰当地说，伴随悲痛的是一种愿望，想停住把我们所爱的人带得越来越远的时间。此外，有一种不同的悲痛，让人感觉不到自己的存在。比如，狄更斯的小说《远大前程》中老处女郝薇香小姐所遭受的痛苦。在她就要举行婚礼的那天，郝薇香小姐被新郎抛弃了。她时常穿着婚纱坐在一间黑暗的房间里，拖着奇怪的身影。房间里的时钟永远停在9点差20分。到她家玩的匹普一开始感到的只有恐怖，后来他才注意到周围有点奇怪的地方：

---

1. 马洛（Christopher Marlowe，1564—1593），英国诗人，剧作家。《浮士德博士》是他以德国民间故事为蓝本创作的剧本。

　　这时候我才看明白，这屋子里的一切都像那只表和那 ¹⁴
架钟一样，早就停了。又看见郝薇香小姐把那颗宝石照旧
归还原处。我趁艾丝黛拉发牌的时候，又瞟了一眼那架梳
妆台，看清了台上的那只鞋子从来没有穿过，从前是白的，
现在已经发黄了。又看了看郝薇香小姐那只没有穿鞋的脚，
脚上的丝袜从前是白的，现在也发黄了，袜底也早踩破了。
要不是屋里的一切都处于这种停顿状态，要不是这许多褪
了色的陈年古董造成屋里这种常年死寂的气氛，那么，即
便是这么一个衰朽之躯穿着这么一件干瘪的新娘礼服，也
决不至于这样像穿着一件尸衣，那条长长的披纱也决不至
于这样像块裹尸布了。[1]

　　就像这种褪色表明的那样，让时间停住的企图是徒劳的，因为我
们不能停止变化。但是假如所有的变化真的停止了呢？时间也就终止
了吗？

　　这个问题出现在亚里士多德（Aristotle，公元前384—前322）
的《物理学》中。那是试图给予时间一个哲学解释的最早和最全的书
之一。亚里士多德是历史上哲学和自然科学领域难以逾越的人物。他
的著作覆盖了广泛的内容，从生物学到悲剧的本质，无所不包。但我
们不要被书的名字误导了，以为他从事的研究可以被认作是现代意义
的物理学研究。比如，他不关心建立支配物理现象的定律。相反，他
的兴趣在于把物体名称、属性和现象归属起来的那些最一般的范畴，

1.译文摘自王科一译《远大前程》（上海译文出版社，1979）。

例如变化、正在变化的物体、空间、时间和各种数量，他试图解释这些范畴和它们之间的相互联系。于是，我们在《物理学》中看到的那类问题，都是非常抽象的，但亚里士多德认为在更具体地研究任何物理现象之前必须给予特别的研究。

亚里士多德对时间的讨论从几条悖论开始。从这些悖论好像可以得出，在现实世界中没有时间那种东西。令人吃惊的是，很多亚里士多德的后继者都信奉这个不寻常的结论。但是亚里士多德自己不愿否定时间的真实性，希望以后能解决这些悖论（我们在书的后面会遇到其中的一些）。在警告我们正在涉足的领域里的危险后，他提出前人的主要观点：时间和变化是同一种东西。这种观点最出名的代表，就是他从前的老师柏拉图（Plato，公元前 429 — 前 347）在《蒂迈欧篇》里（采用苏格拉底和三个朋友对话的形式）告诉我们的"时间诞生"的解释，时间是天体的第一运动。但是亚里士多德发现时间和变化一体的观点中有许多谬误，他指出时间不会是和变化一样的东西。首先是因为变化有快有慢，而时间没有；其次，变化局限于空间的某一部分而时间是普遍的。

我们用什么来回答这些反对的意见呢？时间*确实*是快慢不一的，至少看起来是这样。恋爱中的人相聚的几个小时肯定过得很快，而在乏味的劳动中感觉时间走得非常缓慢。这种现象不能简单说成是错觉。既然我们会对空间的东西产生错觉，比如一个物体的形状、大小，或者它离我们的距离，那么为什么时间就不会呢？为了明白假设时间*本身*以不同的速率经过的意义，想想我们是如何测量其他种类变化的速率的，比如一辆正在驶过的公共汽车的速度，我们测量它在一定时间里驶过的距离。或者考虑炉子上的水壶。它加热的速率是通过测量一定时间内升高的温度而得到的。所以，变化率是某个空间量在多个时间单位里的变化值。那么我们如何测量时间流逝的速率呢？哎呀，推测起来也应该是和时间相除。但是，这就得到时间的速率永远不会改变的结论。因为如果5分钟不是5分钟的话，那么5分钟又是多长呢？但是，亚里士多德的反驳也许忽略了这一点。的确，时间不可能等同于某些特定的变化，比如沙堆的城堡慢慢地崩塌。时间等同于变化当然指的是时间等同于一般的变化。但是，我们根本不清楚能否观察到一般的变化（即宇宙所有变化的总和）正以变动的速率运动。假设世界上所有变化的速率都提高一倍，这种想法有意义吗？亚里士多德不会这样想。首先我们不可能观察到这样的速率上的变动，因为我们只是在把某个变化和其他变化比较时才能注意到这个变化的速率上的变动。比如，我们通过规则的时钟或我们自己的生物钟测量日出和日落之间的时间，才观察到冬天开始的时候白昼会变短。

时间不等同于某些特定的变化而是变化的总和。这似乎可以避免亚里士多德的第二个反对意见：变化局限于空间的某些部分，而时间是普遍的。只有单个的变化才在空间上是有限的，而变化的总和占据了整个空间。

这也许消除了变化概念的一个模糊之处，但还有另外一点。我们认定时间是哪种变化呢？我们是认为时间等同于人们能够直接感知的所有日常变化之和，如一片叶子颜色的变化呢？还是等同于那些无法直接感知，但是隐藏在可感知的变化下面的变化之和，如分子的运动？或者还是应该思考时间自身的流逝，即事物无情地从现在运动到遥不可及的过去呢？当然，一位说时间可以定义为时间的流逝的哲学家不会得到什么更多的结果，因为这是用时间本身来定义时间。最自然的是把时间表述（虽然一些哲学家会反对这种表述的方式）为事件的变化，即事件慢慢从将来成为现在，然后越来越远地变为过去。

捕捉上述差别的一种方法是用一级变化和二级变化。一级变化指世界上事物的属性的变化。这里的事物指那些持续存在于时间里的东西，比如树、原子和人，因而一级变化就是通常所谓的事件。事件本身能变化吗？二级变化是或者应该是事件从将来到现在然后滑入越来越远的过去时所经历的变化（因为它是一级变化的变化，所以称之为"二级变化"）。那么二级变化也就是时间的流逝。那么当我们说时间在变化时，指的是第一级还是第二级变化呢？或者两者都是呢？时间至少部分是由二级变化构成的，这肯定没错，因为如果时间没有流逝那它又怎么能存在呢？时间的流逝确实是它最显著的特性。不过，在后面的章节里，我们将考虑某些理由来支持一种奇怪的假说：尽管时间是真实的，然而它并不流逝，而是仿佛处于一种"凝固"状态。

但是，在这章的其余部分我们关注时间是一级变化的观点。现在，我们似乎可以想象宇宙的每个过程都达到一个终点——也许就在所谓的宇宙热寂之后，这时所有的能量都平均分散在宇宙——但时间还在继续流逝。无尽的永世的时间也许流逝在完全死寂的、静止的宇宙里，所以，即使没有一级变化，时间也可能存在。但真有这种可能吗？

没有变化发生的时间？

亚里士多德认为不可能存在没有（一级）变化的时间。许多后来的学者也同意这一点。现在我们看看三种反对所谓"时间真空"（一段绝对没有任何事情发生的时间）可能性的观点。亚里士多德的论点是三者中最简单的：假如所有的变化都停止了，我们也会停止对时间的流逝的观察。这句话当然是无可辩驳的。观察任何事情都是脑子里进行的某种变化，所有的变化都停止了也就是任何的体验都终止了，所以，不可能再体验到时间的真空（也就是说体验不到可以作为时间真空的东西）。但是因为这个无可辩驳的论点隐含着在没有变化的情况下时间不可能继续，所以在事物的实在性和可能体验到它（或者至[18]少有证据表明实在性包含着所谈及这种的性质）之间必须存在某种关联。缺少的这种联系可以由上一章提到的更强的证实论原理所提供：如果没有可能的方法，包括原则上的方法，来确定一个陈述是否为真或至少可能为真，那么这个陈述就没有意义。这种观点可以称为"体验的观点"。它完整的表述如下：

　　体验的观点：

　　1. 在没有变化发生的一段时间里，根本不会有体验——因为体验本身也是某种形式的变化——所以，也就体验不到没有变化发生的时间；

　　2. 一段时间自身不会改变什么东西，所以它对我们在这之后体验到的东西没什么影响；

　　3. 我们能够确定某些可能为真的陈述是真的，只有当它的真实性对我们现在或者以后某个时候的体验有影响时；

所以：

4．我们不可能确定一段没有变化发生的时间存在过；

5．如果不可能确定某个陈述是否为真（或者可能为真），那么这个陈述就没有意义；

所以：

6．任何陈述，如果意思差不多是说出现过一段没有变化发生的时间，那么它是没有意义的。

在前提3中提到的"可能为真的陈述"，是指该陈述涉及某种不确定的状态，比如"我喜欢芦笋"。与之相反的是必定为真的陈述，比如"如果我喜欢芦笋，那么我是喜欢芦笋"这个陈述必定是真的。

　　一旦把观点表述得如此明白，就可以看出它也不是那么有说服力（虽说不是只有这一个方法来扩展亚里士多德非常简短的反对时间真空的观点）。首先，结论好像强过头了。如果说正好出现了5分钟的时间真空，这句话真的没有意义——而不仅仅是错的——吗？我们肯定知道在5分钟内整个宇宙绝对没有任何事情发生是什么意思。如果这句话真的没有意义，尽管看起来有，那么，实际上也很难明白我们怎么能理解前面观点中的前提1——它告诉我们假如存在时间真空，事情将怎样。如果所有关于时间真空的说法都是无意义的，那么说体验不到时间真空和时间真空里没有体验又怎么会是有意义的和对的呢？所以这个观点的结论似乎破坏了它的第一个前提。而这标志着它不是一个好观点。

　　赞同关于时间真空的说法有意义的一个论点是，虽然我们不知道陈述"存在过一段时间真空"是真还是假，但是我们可以知道陈述"一段时间真空正在发生"是假的。如果这个陈述没有意义的话我们还能这样认为吗？无意义的陈述确确实实既不是真的又不是假的，因为它们不能告诉我们关于这个世界的任何可理解的东西。

那么可能是前提5中判断一个陈述有没有意义的原则太严格了？但是在很多场合这个原则表达了正确的结果。假设我对你说"我的冰箱里有一个无形物"，你自然会问"无形物"是什么。我承认不能提供它的任何特征，因为无形物是不可见的，也不会妨碍其他物体挤占同一块空间，一般来说完全觉察不到。换句话说，不可能有什么方式确定在我的冰箱里是否有一个无形物。在这点上你有理由宣称那个词是没有意义的，因为我们不知道有什么方法能正确使用它。比如，我们不能光指着空中说"看，一个无形物"来使一个小孩明白这个单词是什么意思。因此，"我的冰箱里有一个无形物"这个陈述毫无意义。但是对单词"时间"来说我们并不处于同样无能为力的状态。我们完全知道如何正确使用它（虽然详细解释我们如何正确使用它不是一件容易的事）。所以，如果我们不能确定句子"刚才有这么一段时间，什么事情都没有发生"正确与否，也许无关紧要：它之所以有意义，是因为它的每个成分都有意义。然而拿这个标准来判断句子是否有意义，也太宽泛了。考虑句子"幸福这是一个而粉红"。里面每个单词都有意义，但是整个句子却没有。我们可能坚持句子要很好地符合语法形式，但这还是不够。我们考虑一个符合语法规则，但完全不可理解的句子："没有一棵树可能否决一个痛苦的缺席"。这句话有语法问题吗？没有。非常清楚的是我们不知道如何去确定它真假与否。但如果这就是我们的准则，那我们前面提出的确实是一个非常严格的判断意义有无的条件。

也许还有一个更有希望的方法。我们学一个单词，其实学的是在什么语言环境下正确使用它。比如，我们知道不能用颜色来修饰数字（"三是一个红色的数字"）。所以，一个句子有意义的一个条件是它不能在错误的语言环境中使用单词。奥地利的哲学家维特根斯坦（Ludwig Wittgenstein，1889 — 1951）—— 他的绝大部分职业生涯都是在剑桥度过的 —— 举了一个有趣的例子："太阳上现在是 5 点钟"。那么，太阳是可以正确谈论 5 点钟的地方吗？当然不是，因为现在是什么时刻依赖于某个人的时区，而时区由他所处的经度来确定。经度很好地定义在地球的表面而不是别的星球。但通过进一步的解释，可以把这句话变成有意义的陈述，如把太阳的时间定义为格林尼治标准时间。关键是只有清楚地把太阳的时间放在能够合理地应用日期和时间的语境时，"太阳上现在是五点钟"才有意义。

那么当我们理解时间的概念时，我们需要在一个"变化"的语境中。例如在我们看见了一些变化时，谈论时间流逝了才是合适的。一天的不同时刻经常和不同的活动关联起来（1点钟：午餐；6点钟：洗澡，等等）。不同的月份也是和相应的季节天气联系在一起的。此外，当我们思考的不是一个可重现的时间（比如6点钟），而是一个特定的、唯一的、只出现一次的时刻，我们不可避免地想知道在那一刻正在发生什么，而且，正如在上一章看到的，时间是以周期性的变化来测量的。所以我们仔细思考"没有变化发生的时间段"这句话时，我们发现"时间"这个术语用在了一个陌生的语境中。我们还可以更进一步地说这个单词不适用于这样的语言环境中：在没有变化的地方我们无法谈论时间的消逝。因此就像谈论会变颜色的数字或现在是太阳上的5点钟一样，谈论一段没有变化发生的时间也没有什么意义。

实际上还有一个更微妙的观点：假如世界上没有变化发生，我们就不可能注意到时间的消逝。所以，没有变化，时间就不会消逝。这种说法使得体验的观点看起来更靠不住，然而，甚至这个更微妙的观点也受到抵制。很明显，我们只有在一个"变化"的语境中才能理解有关时间的概念。的确，既然我们始终被变化所包围，那么任何概念都是这样的。不那么明显的是，时间的概念因此不得不和变化的概念联在一起。毕竟，我们能把时间的概念从发生在某个时间的特定事件中抽象出来。例如，我正在回忆过去某个非常伤感的时刻 —— 在火车站和一位朋友最后一次道别。我回忆起那时正拉下车厢的窗子，看见车站的时钟显示着发车的时间，听到站长砰地关上列车的门，吸了口呛人的火车头冒出的烟（这回忆肯定是很久前的事情），然后低声说"忘掉我吧。"当我回忆这个场景时，我想要是我那时猛地跳下列车站在站台上，大声喊"嫁给我！"那一刻，也许还有我以后的所有生命都会不同。所以，如果我能够设想这样一个时间，这个时间里不用非要真的发生什么事情，那么，为什么我不能认为这个时间就没发生什么事情呢？为什么我不能说"要是整个宇宙在那个时刻停止5分钟"呢？所以，体验的观点不管是最初形式或更微妙的形式，都依赖了某些可疑的假设。

现在让我们转向由德国哲学家莱布尼茨提出的反对时间真空的第二个观点。他在用对话形式写的《人类理智新论》中，以其化身德奥斐勒这样说道[1]：

> 如果在时间方面有一种虚空，就是说一种没有变化的绵延，则将是不可能决定它的长短的……但我们不能驳斥这样的说法，就是：两个世界，一个在另一个之后，它们在绵延方面是彼此接触的，以致一个结束时另一个就必然开始而不能有间隙。我说这是不能驳斥的，因为这个间隙是无法决定的。(*Remnant and Bennett 1981*，155)

虽然结论实际上不是那么清楚，但这段话提出了反对时间真空的又一个观点。这样说是有道理的，因为我们知道莱布尼茨在其他地方说他确实是反对时间真空的。我们把隐含的假设挑明了，就得到下面的观点：

> 测量的观点：
> 1.时间段的长度要用变化来测量；
> 所以：
> 2.既然根据定义时间真空里没有任何事情发生，那么也就不可能有方法来确定它的长度；
> 3.如果没有确定一段时间的长度的方法，这段时间也就没有确定的长度；
> 4.每个时间段都应该有一个确定的长度；
> 所以：
> 5.不可能有时间真空。

1.译文引自陈修斋的译本（商务印书馆，1982年版）。

前提1和前提2看起来是很保险的，但是前提3好像隐藏了一个错误。与亚里士多德的观点一样，在我们没有能力发现某个确定的事实和不存在这个要发现的事实之间，需要给出某种关联。和前面的情况一样，这种联系必定是某个关于"意义"的理论，意义依赖于可检验性的原则可以提供所希望的结果。但是，正如我们在前面注意到的，这个原则看起来太严格了。不过，跟前面一样，我们可以求助更为细致的考虑：假如涉及时间间隔长度的判断是在通常的变化的语境中做出的，那么我们就不能合理地把时间段的概念拓展到没有变化的语境中。如果这是捍卫测量观点的正确方法，那么很清楚它和体验的观点间并没有什么明显的不同，只不过是个稍微明确的体验的观点，所以，似乎不需要给以一个单独的回应。但测量的观点中有一个特有的要害，足以击败它。

问题涉及前提3和前提4之间的勉强联系。我们对这两个前提的看法，依赖于我们采取时间度量的约定主义观点还是客观主义观点。两个观点间的争论见上一章。首先看前提3："如果没有确定一段时间的长度的方法，这段时间也就没有确定的长度。"这非常清楚地说明是约定论的观点。我们回想一下，约定主义声称两个相继的时间间隔相等与否依赖于所选择的测量方法，如果没有任何可能的测量方法，那么简直就不存在两个间隔是否相等这样的事实，也不存在每个间隔有多长的事实。因此约定主义者乐于接受前提3，但客观主义者认为间隔的长度是个客观事实，并不依赖于任何测量方法的有效性，所以[24]肯定会抵制它。那么，再考虑前提4："每个时间段都应该有一个确定的长度。"客观主义者可以毫无困难地接受这一点。的确，这可以看作是客观主义的一个简略陈述。而约定主义者则会抵制它。因为恰恰在没有测量方法的情况下，约定主义承认时间间隔有可能没有确定的长度。所以一言以蔽之，不管我们是时间度量的约定主义者还是客观主义者（或者保持骑墙的态度），我们都有足够的理由不会同时接受前提 3 和前提 4，虽然也许会接受其中的一个。

所以我们可以放弃测量的观点。

我们也许在刚思考过的两个观点里加入了某些是以自我为中心的东西：两个观点都涉及我们能体验什么或者被什么影响。现在让我们把自身从这些观点里去掉，然后问问时间的真空对整个世界有什么影响。

皆事有因

这把我们带到第三个观点。这个观点来自古希腊哲学家巴门尼德[1] 说的一句简洁而又高深莫测的话：

> 什么东西不早不晚地唤醒了宇宙，使它从虚无中开始诞生。（*Barnes 1982*，178）

这个"它"是宇宙，或者整个世界。巴门尼德提出，宇宙不可能在某
25 个特定的时刻诞生，因为不仅没有什么东西来诞生它，而且我们也不能解释为什么它不早也不晚地正好就在那个时刻诞生。这个推理所依

---

1. 巴门尼德（Parmenides，公元前 5 世纪），古希腊哲学家，柏拉图在《巴门尼德篇》里描述了他与芝诺去雅典和苏格拉底相会讨论哲学问题的情景。

赖的原则，在下面这段话（出自莱布尼茨给克拉克的一封回信[1]）中说得更加清楚：

> 因为上帝既丝毫不做毫无理由的事，又找不出什么理由来说明为什么他没有更早创造这世界，由此就可以推论出：或者他根本什么也没有创造，或者他在一切可指定的时间之先就已产生出世界，这也就是说世界是永恒的。但当人指出那开始，不论是什么，都始终是同一回事时，那为什么不曾是别样的问题就不再存在了。（*Alexander 1956*，38~39）

这里莱布尼茨抨击的是那些认为时间独立于构成宇宙历史的各种变化的人。因为假如时间独立于宇宙，并且宇宙有个起始的时刻，那么在宇宙创生前就应该存在无限长的空虚的时间，从而，"为什么上帝正好在那一刻而不是在其他时刻创造了宇宙？"也就没有答案，因为空虚时间里的某一时刻和其他时刻没什么区别。可是，一旦我们认识到宇宙的开端和时间的开端是一回事，上帝就不用面对这样的选择。因为在宇宙存在之前时间也不存在，所以宇宙不可能在比它创生的时间更早或更晚出现。这个我们所求助的并用神学的话来表述的原理就是充足理由律[2]。它甚至对那些不相信神，但相信万事有因的人来说也有吸引力。所以，我们用中性一点的用语，即没有隐含上帝存在

---

1. 克拉克（Revd Samuel Clarke, 1675—1729），英国哲学家和神学家。1715年至1716年克拉克与莱布尼茨进行了一场辩论。他们来往的信件收集在《莱布尼茨与克拉克论战书信集》中。译文引自《莱布尼茨与克拉克论战书信集》（陈修斋译，商务印书馆，1996）。
2. 形式逻辑学有四个原理：同一律（principle of identity）；矛盾律（principle of contradiction）；排中律（principle of excluded middle）；充足理由律（principle of sufficient reason）。充足理由律是由莱布尼茨首先提出的，他认为"一切思考必有它存在的理由"。但是，这里充足理由律还包含"为什么应该是这样而不是那样"。

但意思又差不多的话来表述这个原理，那么就可以得到：发生在某个给定时刻的每一件事情，总是需要解释它为什么恰好发生在那个时刻而不是其他的时刻。这不仅给宇宙存在前就有空虚时间的概念带来困难，而且也对宇宙的历史进程中存在有限长度的空虚时间的概念带来困难。因为，假如就在1小时前有一段时间真空，使得任何事物都停止了10分钟。那么是什么东西让所有的事物都重新启动的呢？因为在这10分钟里事物都保持一样，所以，就解释不了为什么事物是在10分钟后启动，而不是比如说5分钟、15分钟后。

再次把所有的假设罗列出来，那么第三个观点可以表述如下：

充足理由的观点：

1.如果过去有过时间真空，那么在一段没有发生变化的时间之后肯定有某些时间使得变化又会重新开始；

2.对于每个发生在某一时刻的变化，总是可以用就在它前面一个的变化来解释为什么它正好发生在那个时刻而不是其他时刻；

所以：

3.解释不了紧挨着一段时间真空发生的变化为什么会发生在那个时刻（因为在它之前的那个时刻没有变化发生）；

所以：

4.过去不可能存在时间真空。

我们也许立刻注意到，这个论证没有排除将来可能存在时间真空，虽然将来的时间真空是没有终结的：在宇宙死亡之后的永恒的黑暗和寂静。不得不承认，这不是一个让人高兴的想法。这是充足理由观点的一个严重缺陷，尽管我们可以这样来补救：正如任何事情都有原因一样，任何事情都有一个结果。所以一个变化引起下一个变化。于是，一旦宇宙开始它的变化进程，它就绝不会停止变化。但是，这个推理也不是挑不出毛病。就算任何变化都有一个结果，为什么这个结果一定要以变化的形式而不能以变化停止的形式呢？就不能有些变化相互抵消吗？如果一段时间真空——没有变化的真空——可以是一个结果，那它为什么就不能是一个原因呢？我们不能说它是变化的原因，要不然就会和充足理由的观点冲突，但我们可以说时间真空，无论它是宇宙里的什么，是后续的时间真空的原因。这暗示着对时间真空争论的一种折衷。但在揭示这个折衷的看法之前，先让我们总结一下到目前为止所讲的内容，并且引入一些有用的术语。 27

在这章的开始，我们认为时间和变化是等同的。这是时间的相对主义的一种形式。相对主义的这种形式断言时间只不过是事件的一个有序排列，每一个单独的时刻等同于同一时刻的所有事件的集合。和相对主义相反的是时间的绝对主义，认为时间自身独立于正发生在时间里的事件。绝对主义者肯定时间真空的可能性，因为如果时间独立于变化，那么在没有任何变化发生的地方它也能够存在。相对主义者鲜明地否定时间真空的存在。既然支持相对主义的一个方法是通过否定时间真空的可能性，那么我们已经考虑了三个这样的观点。不幸的是前两个观点依赖于可疑的前提，或者至少是前提的可疑组合。第三个虽然可能更有说服力，可是它的结论的范围受到了极大的限制。但是，也许我们可以把它再往深里发展一点。

充足理由观点的一个表述方式是说时间真空解释不了任何事情。时间真空产生不了什么影响。不能产生任何影响就是事物不存在的最有力的论据，就像无形物的例子所表明的那样。绝对主义者解释不了为什么时间里产生的效果还会造成别的影响。鸡蛋煮了 5 分钟后就要被我吃掉，不仅仅是因为 5 分钟过去了，而是因为鸡蛋在那 5 分钟里发生了变化。又比如，不是时间愈合了所有的伤口，而是在时间里发生的变化（心理的，生理的，政治的）愈合了伤痛。另一方面，如果允许没有变化的真空作为起因，那么说时间的真空绝不会造成什么影响也是不对的。在某个时刻没有发生任何事情的事实，也许解释得了为什么在稍后的一个时刻没有什么发生。诚然，这不是令人兴奋的解释，但是它显然满足充足理由的要求。

没有任何事情发生和没有任何东西存在是不一样的：没有变化是指事物的一个状态，而事物的状态，比如事件，是占据了一定时间的。实际上，如果要求说得更准确些，那么我们可以坚持认为，从根本上说，在一个个时刻里存在的都是事物的状态，而通常所说的事件不过是由事物不同状态组成的序列（我们将在后面分析这种变化观）。比如，一位往返于家和上班地点的人所经历的事件只不过是一系列的状态，在这些状态里这个人相对其他物体处于许多不同的位置。所以，一段时间真空也是事物的一系列状态，区别只在于事物的一些状态发生在其他状态之后。这也为我们提供了一种同时保留相对主义者和绝对主义者颜面的策略，使得他们可以停止争斗而脸上同样有光。相对主义者可以继续坚持，时间并不独立于它的内容而存在，但是，他们要做出让步，不能仅把这些内容看作事件：它们也许是事物不变的状态。那么，这就和绝对主义者一直坚持的相通融了，即可能存在没有变化发生的时间。

问题   29

为什么认为时间加速或者减速没有意义？

设想宇宙中的每个运动过程的速度都突然增加一倍有意义吗？

你能够想象在什么情况下有可能测量出时间真空的长度吗？

³⁰ # 第3章
没边的盒子？

　　同伴：很好，现在车里可以有更多的空间。

　　约瑟夫：说得更准确点，不是更多的空间，只是它占的空间小了些！

—— 引自马登（Geoffrey Madan）的《记事本》

两个世界相遇的地方

　　1643年5月，当过士兵的法国哲学家笛卡儿（René Descartes，1596—1650）开始了和波希米亚（Bohemia）的伊丽莎白公主（Elizabeth）的长期通信。公主在5月6号写的第一封信中问笛卡儿，如果灵魂和肉体在本质上是非常不同的，那么灵魂是如何影响肉体行为的？这个问题对笛卡儿来说提得很尖锐。因为他用广延，也就是具有宽度、长度和高度，作为定义物体唯一的特征。他认为灵魂或者意识是没有广延的，灵魂的定义特征是某种具有思维能力的东西，但是非空间的事物是如何与空间的事物相互作用的呢？他在给伊丽莎白的回信里有点含糊其辞：他实际上没有去解释这两者是如何相互作用³¹的，仅仅是警告说，不能以我们很熟悉的物体间的那种相互作用来比拟灵魂和肉体间的相互作用。自然，伊丽莎白继续向他穷追这个问题。

几年后，笛卡儿和莫尔（Henry More）——剑桥基督学院的一位年轻院士，后来成为剑桥柏拉图学派神学家组织的一员——开始通信。莫尔反对笛卡儿关于灵魂和肉体差别的描述。莫尔认为意识、灵魂或精神（因此还包括上帝）可以占有和物质一样多的空间。它们与后者的区别不在于广延性而在于穿透性：一个物体排斥另一个物体而占据它所在的空间。对莫尔来说，空间是独立于物质的实体。它是两个世界——精神世界和物质世界——相会的中介。空间在莫尔眼里还有神学的意义：它的存在是因为它是上帝的一个属性。他显然受到犹太人作品的影响——这些作品里上帝和空间是一体的（单词makom既用来表示上帝又可表示空间）。因此，我们可以解释在旧约中出现了无数次的、说神无所不在的教义："耶和华说，人岂能在隐秘处藏身，使我看不见他呢？我岂不充满天地吗？"（《圣经·耶利米书》23:24）

如果空间是上帝的一个属性，那么它绝不会什么都没有，虽然里面有可能没有任何物体。然而，在莫尔的时代，许多思想家（包括笛卡儿）强烈反对虚空——没有物体的空间——的概念。我们必须回到古希腊去寻找这种反对的根源。

亚里士多德反对虚空

如果时间真空的想法是新奇和有争议的，那么空间真空的想法既不新奇却太有争议。我们观察这个世界时不会看不见两个物体间有一定的距离。这些距离不是空虚的空间的话还会是什么呢？有些人会反驳说，它们不完全是真空，因为它们充满了空气。但空气本身也 [32]

到处是真空，因为它是由氮、氧、二氧化碳、水和惰性气体（还有其他一些成分）的分子组成，并且这些分子不是挨在一起，而是隔得很远，在不停地运动。照字面意思讲，空气的大部分都是空的。正如亚里士多德的一位前人德谟克利特（Democritus）提出的，宇宙间除了原子外就是虚空。这两个概念——物质的最小组成单位和空虚的空间——如果不是逻辑地，那也是历史地结合在一起。原子论者，从德谟克利特到道尔顿（Dalton），都知道原子（或分子）间的空隙为物质不同态（气体、液体、固体）间的差异提供了很自然的解释。当一块固体融化的时候，分子之间将离得更远，运动也更快。当液体蒸发的时候，分子离得还更远，运动得还更快。这也就是为什么当一定体积的水变成水蒸气时，会占据更大的体积。这也解释了为什么气体比液体更容易混合。

但亚里士多德同时反对原子和虚空。在他之后到伽利略这段时期里，物理学本质上是亚里士多德的物理学。正如亚里士多德的著名格言所说，自然厌恶真空。对亚里士多德来说，所有物质都是连续的：它可以被无限细分（至少从理论上如此）并且没有空隙。而且，宇宙本身虽然是有限的，但没有虚空包围着它。气体和液体的差异可以简单解释为气体有更好的质地（亚里士多德似乎不担心质地是什么东西也是需要解释的）。于是所有的空间都完全被填满了。虚空的思想给亚里士多德带来的麻烦和虚时的思想给我们带来的一样多。

从亚里士多德反对虚空的观点，我们得到关于他的运动理论的一个有趣的认识。他设想了一个虚拟的实验：假设存在一个虚空，那么一个放在其中的物体是如何运动的呢？因为既然虚空里没有任何别

的东西，那么也就不会有力作用在物体上，也就没有什么东西强迫它 [33]
沿一个方向而不是另一个方向运动。

比认为这是对虚空概念的声讨更使我们难受的是认为它是虚空概念的一个有趣的推论。但是，我们当然不会认为它是一个真实的结论。首先，虚空里也有力，比如引力。如果没有引力的话，太阳系的行星也就不会绕太阳转。相反的，我们知道，亚里士多德的"引力理论"认为物体倾向于运动到它们的自然位置，即宇宙的中心（对他来说，也就是地球的中心），但虚空里确实没有上、下，也没有任何方法区分两个不同的方向。所以如果事物是以原子主义者认为的方式存在虚空中，那么我们解释不了物体的运动。当亚里士多德问我们虚空里的一个物体如何开始运动的时候，摆在我们面前的问题是：在物体第一次进入或者说被放入虚空的时候，物体是否在运动以及朝什么方向运动。如果它没有运动，那么它将保持静止；如果它以不变的速度朝一个给定的方向运动，那么它将永远这样运动，除非有其他力作用在它上面。如果它之前是减速，那么，假如没有力的作用的话它将开始减速。看来现在要抛弃亚里士多德的保持物体定常运动需要定常的力的假设。

亚里士多德还有第二个理由反对虚空概念：一个物体的运动速度和方向部分依赖于运动介质的黏性或"质地"。因此，用同样的力，我的手在空气中比在水中运动得更快，因为水会产生更大的阻力。在黏性可变的介质中，运动的物体将倾向于沿阻力最小的路线。推力不变时，介质的阻力越小，运动物体的速度就越大。但虚空里根本没有阻力，所以一个突然被推进虚空的物体将立刻以无限大的速度在所有方向运动。

这些观点除了它们的历史意义外，还阐明了一个重要的哲学方法：从一个你想击败的假设开始，然后从中导出一个荒谬的结论来表明它是错误的。我们在后面思考康德关于时间非实在性的证明时，将遇到应用这种方法的另一个例子。但是，亚里士多德反对虚空的观点仍然是软弱的，因为它们建立在错误的物理基础上。

罐、泵和气压计

亚里士多德很公平，他还列举了虚空拥护者所提出的观点，其中的一个比他自己的任何一个反对观点都更深刻。它涉及用两个大小一样的罐子做的一个实验。其中一个装满灰，另一个是空的。然后放在一起，两个罐子都装满水。令人惊奇的是，仔细测量了每个罐子里的水后，发现有灰的罐子和空罐子里的水一样多。这就说明（虽然亚里士多德没有讲清楚）水虽然看起来是连续的，但是存在能够容纳灰的微小空隙——实际上是无数多的虚空。当然这也和某种物质溶解时发生的情况一样：物质的分子进入水分子间的空隙。虽然我们不知道亚里士多德所指的灰的准确成分，但它至少应该是部分可溶解的。

亚里士多德对这个实验的回答也不是很有力。他试图把用空隙做的解释归为谬论。虽然他的评论不是很清楚，但他好像暗示着，如果水能在任何点容纳灰（他把这个想法归于虚空的支持者），那么它必然是完全空虚的，即每一点都是空的。而在这种情况下根本就不可能有水，只有虚空。当然，我们知道那是错的。但是为什么人人都应

该认为水在每一点都能容纳灰呢? 确实, 只有在水有空隙的地方才能 34
容纳灰, 虽然这些空隙如此紧凑以致区分不出。假设水是均匀的, 很
明显是在回避原子论者提出的实质问题, 因为原子论者的整个观点是
包括水在内的所有物质都不是均匀的 (即连续)。

    尽管有早期原子论者的努力, 但是直到17世纪, 认为自然界禁
止真空的亚里士多德派的长期统治才结束。伽利略 (Galileo Galilei,
1564 — 1642) 在他生命快要结束时, 还一直在解决佛罗伦萨工程师
建造水泵抽取矿井里的水时遇到的问题: 似乎在某个深度以下使用阀
门的水泵不能工作, 32英尺好像是可以抽水的最大深度。这个问题
被伽利略的学生和秘书, 佛罗伦萨大学数学教席的继任者托里拆利 35
(Evangelista Torricelli, 1608 — 1647) 接过手。1643年, 托里拆利建
造了一台仪器, 用缩小的模型再现了水泵不能抽水的情况。他用一端
封闭的一码多长的玻璃试管注满水银, 再把试管倒立, 小心地不让空
气进入, 然后把开口的一端浸入水银槽。他发现, 垂直的水银柱不会
到试管的顶端, 而是下降了大概11英寸。试管的顶端显然有空间, 但
不可能是空气, 因为没有东西进入那里面。他进一步发现水银柱的高
度随大气的条件以及仪器所处的海平面高度而发生变化。比如, 在空
气比海平面稀薄的山顶上, 水银柱要低得多。实际上托里拆利发明了
第一只气压计。试管的顶端现在仍然称之为托里拆利真空。它仅仅是
部分的真空, 因为不可能消除水银的蒸发。亚里士多德会对这些发现
作出什么样的回答呢? 水银蒸气的存在也许提供了一个答案: 我们可
以设想他会争辩说那儿实际上根本不是真空, 只不过是些 “ 质地 ” 非 36
常好的空气。具有讽刺意味的是, 托里拆利和在他之前的伽利略一样,
都坚信真空是不可能的。

　　就在差不多的时候，马德堡市的市长居里克（Otto von Guericke）根据伽利略水泵类似的原理，改造了一个能从一个容器里抽走空气的泵。虽然得到的可能只是部分真空，但居里克能够用他的新发明做出一些令人印象深刻的表演。1654年，在马德堡市做的一次著名实验中，他把两个铜半球合在一起，然后把空气抽干。把两只半球压在一起的空气压力是如此大，以致每个半球用一组马来拉也不能分开它们。居里克出版于1677年的《新实验》一书中有幅插图描绘了这个非同寻常的实验中的16匹马。于是，在亚里士多德的《物理学》写成19个世纪之后，虚空的拥护者取得了胜利。但是，原子论者还需要200年才能宣称他们的理论为正统。

真空的教训

　　空间里存在真空是个已经确定的事实。我们可以从中得到什么哲学的结论呢？有许多理由使我们觉得空间真空比时间真空疑问更少。这些理由来自最基本的一点：空间有三维而时间只有一维。这个事实意味着，空间没有和上一章里反对时间真空的三个观点相类似的合理观点。首先想想时间体验的观点，它建立在我们体验不到时间真空的前提上，空间则没有相应的观点，因为我们有空间真空的体验。在这个意义上，我们能够观察空间并且说"看，一个真空"。再想想测量的观点。它的前提是我们不能（直接）测量一段时间真空的长度。而与此相反，我们能够测量空间真空的大小，因为我们能够确定它的边界。我们能够通过边界的长度计算真空占据（如果这个词恰当的话）的空间体积。最后想想充足理由的观点。它的前提是一段时间真空的结尾没有原因来解释它。相反的是我们可以解释空间真空的边界：真空这么大是因为在边界之外还存在别的东西。比如，我们能用水银的重量和外部的气压来解释水银柱顶端真空的大小。

但我们接下来会问，如果世界上什么物体都没有，那空间还存在吗？在帮助我们解决这个问题上，空间真空的存在所具有的意义，就和时间真空的可能存在对我们理解时间所具有的意义一样。然而我们不得不小心翼翼。时间真空会导致没有变化的时间的存在（很显然，因为时间的真空就是没有变化的时间）。但从局部空间真空的存在——只存在部分空间里的真空——我们不能马上跳到肯定存在占据整个空间的真空的结论。像我们所指出的那样，真空需要物体来包围。为了明白这点，我们需要概述一下两个空间理论之间的争论。

第一个理论认为空间独立于物体而存在，也就是空间的存在不依赖于世界上的其他东西，一般叫作空间的绝对主义（虽然也命名为实体主义（substantivalism））。这种理论下，我们可以设想空间是个里面装着物体的、没有边的盒子。在绝对主义者的眼里，空间就是世界的一个额外物体，某种使得它里面的各种物体都有空间位置和相互位置关系的东西。

与第一个理论对立的理论叫作空间的相对主义。它反对空间作为容器的概念，也反对空间是一个自足的物体。相对论者认为如果世界上没有其他物体，那么也就没有空间。空间不是具体的事物，而是一个由不同物体间的空间位置关系组成的系统。所以，空间中的位置或者说点是根据物体间的距离来定义的。这不是什么图方便或易于统一，物体间的距离就是它们的位置。很清楚，如果不和物体相关的话，这些位置关系不可能独自存在，所以空间依赖于物体。莱布尼茨提供了许多反对绝对主义的观点。他做了一个很有用处的类比，把相对主义者眼里的空间比作一个家族或家谱的分支树[1]：

> ［心灵就在这里来设想那些关系的切合，就像］心灵能想象一种由宗谱系统构成的秩序那样，这种宗谱系统的大小全在于世代的数目多少，每一个人都将在那里有他的地位。（*Alexander 1956*，70）

一个家族就是一群具有特定相互关系的人：女儿、叔伯、堂兄弟等。这些关系是这些人的全体之外的东西。但是，我们能认为家庭是一个包括几代人的自足体吗？莱布尼茨进一步发展这个类比：

> 如果再加上那灵魂轮回的幻想，让同一些人类灵魂回来，那些人就改变他们在宗谱系统中的地位，本来是父亲或祖父的，可能变成了儿子或孙子等。（*Alexander 1956*，70～71）

即使不用这种特定的幻想，我们也可以抽象地谈论家庭。比如，我们可以说"核家庭受到威胁"或"20世纪60年代的人改变了我们对家庭的看法"。但是，我们这里使用"家庭"作为一种通用的表述，而不是具体指世界上的某种特定的东西。我们同样可以谈论"教皇的职位"或"美国总统的职位"，这不是因为有什么具体的东西在持续地

1.译文引自《莱布尼茨与克拉克论战书信集》（莱布尼茨著，陈修斋译，商务印书馆，1996）。

经历变化或者持有这个职务，而是因为不同的人在不同的时间与其他人或者机构处于同样的关系。莱布尼茨继续阐述他的这个比喻：

> 可是这些宗谱上的地位、系统线条和空间范围，虽 [39] 然它们表现了实在的真相，却只能是一些理想性的东西。（*Alexander* 1956，71）

所以，家庭作为一个具体的对象，只有当组成它的人存在，它才存在。同样，也只有当空间的组成部分存在，空间才存在。

在这种说法下，空间的相对主义必定承认，存在没有被任何物体所占据的空间体积（不像时间的相对主义）。的确，如果它不承认的话将有麻烦，但是从字面上看，这些空空的地方就是什么都没有。两个物体间（比如椅子和窗户）有空隙，不是因为它们中间有别的某种实体，而是因为它们相距5码，并且这两个物体间的连线上没有什么东西离它们更近。移开这些物体就什么也没有。

绝对主义者会说物体间具有距离关系是因为实在的、全空的空间的存在。再次引用家庭的比喻，但这次是从绝对主义的观点来阐述。汤姆是露西的舅舅，是因为露西的母亲是汤姆的姐姐。汤姆和露西不是直接就有亲戚关系，而是依赖于他们和某个第三方的关系（汤姆的姐姐）。他们的关系需要通过中介。同样，绝对主义者的空间关系也需要中介。而相对主义者会反对说，作为中介的空间是画蛇添足的。他们会说，为什么距的关系不该是直接的也不需要中介的呢？这里，绝对主义者可以指出这些虚点所能担任的诸多角色。第一，它们可以作为物体的参照物。比如我说："把花放在那儿"，就指明了房间角落里一块空空的地方。"那儿"是参照什么东西呢？大概是某种东西，但不是任何可感知的东西。比如，我不可能是指地毯的某一部分。我不会想把花放在正被地毯的那部分所占据的地方，因为那需要搬花的人先在地板上挖个洞。

有人可能会说："这些空无一物的地方是指放置东西的可能性，我刚才谈到的就是这些可能性。"但是，依赖于什么东西这些可能性才真实存在呢？因为我们真正想说的是那儿有块能放东西进去的地方。而这正是绝对空间的第二个作用：可以把东西放在还没有放什么东西（除了空间外的其他东西）的地方。

它的第三个作用是解释某些几何命题的正确性。考虑这样的陈述：椅子和窗户连线的中点距离书架侧端5英尺。这是对的，所以大概就存在一个中点。而且，因为椅子和窗户间确实没有物体，所以这个点是空的。于是空的点真的存在。

相对主义者用什么来回应空间这些想当然的用处呢？首先，他们会否认当我说"把花放在那儿"时，我是在参照什么东西。更恰当地说，我是在粗略指明我想把花放在和其他物体什么样的距离关系上。其次，他们会说，使得两个物体间还可以放入其他东西的，不是空间的存在，而是这些物体间空间关系的存在以及当时没有其他东西位于这些物体之间。

第三点倒是更难解决，因为它涉及关于物体间虚点的确定性断言的真实性。它引发了一个重要的普遍的问题：数学的抽象真理和具体的物体组成的世界之间是什么关系？对算术真理来说（比如 $99/22=4\frac{1}{2}$ 这样的命题），没有人会怀疑它们必然是对的：无论物质的世界是什么样子，它们都是对的。的确，如果存在的这个物质世界只是偶然的（即它可能不存在），那么即使没有这个宇宙，算术真理仍然是对的。但是，数学独立于这个世界并不妨碍它能应用于这个世界：如果你往三只橘子里添上两根香蕉，那么你会得到五个水果。现在，让我们假设几何真理和算术真理一样。于是，比如说，如果毕达哥拉斯定理是对的，那么无论这个物质世界里的其他什么东西是真是假，它都是真的。（下一章我们将看到，19世纪的数学的发展使得算 [41] 术和几何有不同的处理方法。几何真理最终要依赖于这个世界的偶然的属性。但是，我们暂时把这两个数学分支在我们所处的这个世界里看作是没有差别的。）现在给定数学真理的这种观点，相对主义者就可以处理下面的问题。比如说，三个物体的位置是这样的：椅子离窗户10英尺，而书架的侧端距离两者7英尺。这样我们就有三个空间距离关系。那么，如果A点和B点距离10个单位，C点距离这两点7个单位，则A和B连线的中点到C点的距离刚好略微小于5个单位。这就是几何真理。这条抽象的几何命题的真理性不需要空间有真实的点。通过真实的空间关系和抽象的几何真理的结合，相对主义者能够解释诸如"椅子和窗户间的中点距离书架底端5英尺"这样的几何真理，而不用承认中点的实在性。给定了椅子、窗户和书架的实际排列，几何学的理论就能保证，如果一个物体精确地放在椅子和窗户中间，那么它到书架的距离近似等于5英尺。

多余的空间

绝对主义者认为空间能担任多种角色：我们谈到位置（"那里"，"半路"）时的参照物；使其他物体成为可能的东西（当一个物体能够进入一个尚未占据的位置时）；能解释几何命题真理性的东西。但像我们所看到的那样，相对主义者简单地否定了我们需要空间来扮演这些角色。现在相对主义者更进一步攻击说，不仅空间不像绝对主义者所认为的那样有什么角色要扮演，而且它还令人难堪地引入我们不能解释的假定事实。在前面我提到过，空间没有和反对时间真空的充足理由观点相对应的合理观点，但这不太正确。我只考虑了被实体的世界所包围的那种真空，因之也就能定义它的边界。但是，如果我们反过来想：假如实体的世界被真空包围会怎么样呢？光是为了使这个问题有意义，我们就不得不认同空间的绝对主义理论（对比于绝对主义和相对主义者都赞同的被包围的真空）。要是有个超越宇宙所有边界的空间 —— 超宇宙的空间 —— 那么在这个空间里，宇宙就有无限多个可能的位置，每一个位置和宇宙现存的不同部分间的关系是相容的。换句话说，我们不能只通过观察宇宙的内部空间关系就得出宇宙在空间的什么地方。这当然是一个问题，但还有另外一个问题。我们先用神学的话来表述它。既然像莱布尼茨说的那样"上帝做事情肯定有其理由"，而且没有理由可以解释，为什么宇宙创生在这部分空间而不是另一部分 —— 空间的不同部分就它们本身来说是无法分辨的 —— 那么可以推出，上帝实际上不会遇到把新创生的宇宙放在哪个位置的问题。因此，包围整个宇宙的虚空是不真实的。

这个观点有个值得推敲的非神学的提法，它和反对时间真空的充足理由观点相对应：

反对超宇宙空间的观点：

1.如果一个物体在给定时刻有可能位于另外一个和它实际所处的位置不同的位置，那么就需要某个原因来解释为什么它在那个时刻正好占据那个位置。

2.如果我们的宇宙被虚空包围，那么整个宇宙有可能　　43
位于一个和目前不同的虚空位置。

所以：

3.如果宇宙为虚空包围，那么需要某个原因来解释为什么它实际所处的是这个位置。

4.但是，既然虚空是完全均匀的（即区分不了不同的空间区域），那么也就解释不了为什么宇宙处在它现在处在的位置。

所以：

5.宇宙没有被虚空包围。

但是这个观点的结论与绝对主义并不矛盾，因为还有两种可能：（i）绝对空间的边界正好和有限宇宙的边界重合，所以宇宙不可能位于绝对空间的其他位置。但是这种可能起码让绝对主义者有点尴尬，因为空间和宇宙的边界重合就是指完全一体：一种我们没有理由得到的东西，因为对绝对主义者来说空间是和它包容的宇宙是完全独立的。（ii）宇宙在广延上是无限的，因而空间也是如此。所以，因为没有了边界，也就不需要解释为什么空间的边界和宇宙的边界相重合。

绝对主义者也会质疑从1和2到3的推导，因为他们会争辩说前提1只有对宇宙里的物体才是对的。所以前提1能否合理地适用于整个宇宙也就没有实际意义。虽然物体的位置受其他物体的影响，但是整个宇宙的位置不受其他任何物体的影响，因为除了虚空外不可能有这样的物体（可能有上帝除外）。所以前提1中要求给出某个原因是非常不恰当的。

44　　我们好像陷入了一个僵局。这些有关虚空的观点虽然有启发性，但似乎也不能平息绝对主义者和相对主义者之间的争论。那么，让我们从其他方面来看看。

寻找绝对运动

关于空间的相对主义和绝对主义间的最初的争论来自牛顿的运动理论。牛顿早就区分了两种运动：相对的和绝对的。相对运动是指不同物体间空间关系的变化。设想两个人边走进地铁站边在谈话。一个人走台阶，另一个人走自动扶梯。他们都是以同样的速率相对于周围的墙壁在运动。因而他们相互间保持静止（因为他们朝同一个方向运动），所以能继续谈话。但现在走台阶的人停下来系鞋带。他的同伴为了礼貌开始在向下运动的扶梯上向上走。这样，他可以相对于他的朋友保持静止。结果是他以和自动扶梯相当的速度运动。现在，除了这些相对运动，大概我们极力倾向于假设还存在所谓的真实的运动。如果A相对于B运动，那么B也同样相对于A运动。但是，A和B两个哪个真的在动，哪个又在保持不动呢？或者它们都在运动吗？至少这些都是我们想问的问题。当伽利略第一个声称是地球围绕太阳在运动

而不是太阳围绕地球时，西班牙的检察官强迫他放弃这个观点，因为
这是个危险的异端的观点。为什么他不满足于地球和太阳是在做相对
运动呢？当然，说地球围绕太阳比太阳围绕地球更方便，因为太阳相
对于其他恒星是静止的，而地球不是。但它仅仅是为了方便吗？太阳 [45]
是绝对的静止，而不只是和其他恒星保持相对的静止吗？

　　绝对运动是指相对于空间自身的运动。如果空间中存在点这样的
东西 —— 它们独立于任何其他物体 —— 那么这些点可以定义为静止
的（因为静止就是说待在同一个位置，而一个点就是一个位置）。任
何相对这些点移动的物体就叫作在运动。绝对运动和绝对空间的概
念 —— 也就是绝对主义者所想象的空间 —— 是密不可分的。所以，
任何绝对运动的观点，任何声称我们处理的不只是相对运动的观点，
都是绝对空间的理论。

　　我们已经遇到过一个反对绝对空间的观点：不可能解释（或确切
知道）这个宇宙在绝对空间中的位置。和这精神一致的另一个观点是
莱布尼茨认为绝对运动不可察知的观点[1]：

　　　　说上帝使整个宇宙循着直线或其他路线向前移动，而
　　　又在其他方面毫无变化，这也是一种怪诞的设想。因为两
　　　种无法分辨的状态就是同一种状态，因此，这是一种毫无
　　　变化的变化。（*Alexander 1956*，38）

1. 译文引自《莱布尼茨与克拉克论战书信集》（陈修斋译，商务印书馆，1996）。

就像我们说不出宇宙在绝对空间的什么位置一样，我们也无法知道整个宇宙在这样的空间里是绝对静止的还是以恒定的速度运动。这和我们在公路上以恒定的速度开着轿车类似。车子里没有什么东西可以让我们分辨出车子在跑（假如公路上没有遇到颠簸或者转弯）。所以仅仅是相对于空间的运动，也就是没有涉及物体间空间关系变化的运动，和以恒定的速度沿一个方向的运动是无法和静止相区分的。莱布尼茨得出结论，这样的运动是"怪诞的"。他这句话有两层意思：或者绝对运动是不合逻辑的概念，或者合逻辑但不起任何作用。为了表明绝对运动实际上是不合逻辑的，我们需要和前一章类似的关于陈述有意义的一些证实论者的提法。但是相对主义者不必如此极端。如果能够证明绝对主义的观点是个多此一举的理论，它引入的东西解释不了任何东西，对相对主义来说这就足够了。

但是，莱布尼茨清楚地认识到争论不会就此结束。有可能除了相对其他物体的位置变化外，我们没有观察到恒定运动的其他效应。但我们确实可以观察到非恒定运动的效应，比如速度或方向的改变，甚至在没有相对运动的迹象下也可以。当飞机在跑道上加速时我们身体被推着后仰，急刹车时我们身体向前冲，绳子吊着重物在我们头顶上摆动时我们能感觉到吊绳在动。所以如果整个宇宙是在加速通过绝对的空间，那么我们有可能觉察出这个运动。因而，力就是我们寻找绝对运动的关键，也是绝对空间存在的证据。

牛顿（Isaac Newton，1642 — 1727）在他影响非凡的巨著《自然哲学的数学原理》一书中，构想了两种简单的物理装置来阐明力和绝对运动间的联系。一个装置是被一根绳子拴在一起的两只同样大小的球。他让读者设想球围绕绳子的中点旋转时的情形。球的旋转产生的离心力可以通过绳子的张力检测，其大小随旋转的速度而变化。注意到这个假想实验的意义在于两只球间没有相对运动：两只球之间的距离和方向始终没有改变，从每个球来看，另外一个球都是静止的，虽然两只球都相对其他物体运动。现在，我们再进一步设想，这两只球是宇宙里仅有的物体，所以宇宙里也就没有相对运动，而绳子的张力 47 就表明了球处于绝对运动中。

第二个实验装置（图1）是一只装满了水的桶。水桶悬挂在一根绳子上以便桶能够围绕垂直轴旋转。实验分四步：(ⅰ)水和桶开始是静止的；(ⅱ)桶开始旋转，但是因为惯性作用运动不会马上传递到水，所以桶和水之间存在相对运动；(ⅲ)当克服惯性后水开始旋转以至水和桶近似地处于相对静止，但产生的离心力在水的表面形成一个凹面；(ⅳ)最后让桶停止旋转，同样因为惯性，水继续旋转一段时间并且表面保持下凹，桶和水又一次处于相对运动。那么(ⅱ)和(ⅳ)之间有什么差别呢？（牛顿实际只描述了前三步，但是因为水和桶在第三步并不是完全相对静止，所以比较(ⅱ)和(ⅳ)比比较(ⅰ)和(ⅲ)更好）。除了涉及水和桶的相对运动外，根本没涉及其他东西。那么为什么在(ⅱ)中水面是平的而在(ⅳ)中是凹的呢？答案好像是(ⅱ)中的水处于绝对静止状态，而(ⅳ)中的处于绝对运动。相对主义者也许会指出水在(ⅱ)中是和桶以外的物体处于相对静止，而在(ⅳ)中是和同样的物体做相对运动的。但是和第一个实验一样，我们可以设想实验之外没有其他的物体。所以，水的表面表明了是绝对的运动还是绝对的静止。

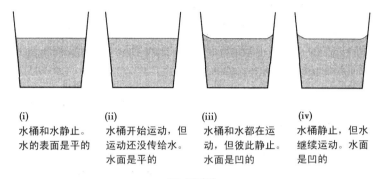

(i)
水桶和水静止。
水的表面是平的

(ii)
水桶开始运动，但
运动还没传给水。
水面是平的

(iii)
水桶和水都在运
动，但彼此静止。
水面是凹的

(iv)
水桶静止，但水
继续运动。水面
是凹的

图1 水桶实验

　　不管牛顿是想用这两个实验来确定绝对空间的存在，还是只想用来说明这个概念的价值，我们都可以用这两个实验来构建关于绝对空间的一个合理观点。从这两个实验的细节中提取出基本的原理后我们有以下的结论：

48

　　　　绝对加速的观点：

　　　　1.*一个其内部物体彼此相对静止的系统存在离心力是因为加速度；*

　　　　2.*一个物体的加速度或者是绝对的——即相对于绝对空间——或者只是相对于其他物体；*

　　　　3.*一个其内部物体彼此处于相对静止状态的系统，在没有系统外的物体，因而也就不存在相对的加速度的情况下，也可能存在离心力；*

　　　　所以：

　　　　4.*绝对加速运动是可能存在的；*

　　　　5.*存在绝对空间。*

从4到5是沿着这样的思路：因为绝对加速运动定义为相对于绝对空间的加速运动，所以只有存在绝对空间才能有绝对加速运动。

第3个前提需要跳跃性思维（因为它既不是定义，也不是我们可以用实验验证的东西）。我们凭什么假定外系统的物体是不相关的？也许没有外系统的某些物体，系统也就不会出现一般认为是加速产生的力的效应。另一方面，在一般条件下观察到的力的效应看起来完全是系统内部的作用。从其他物体干扰的程度来说（它们当然有影响，比如施加引力），很难知道有限的外部影响如何对旋转系统显著的离心力效应起了重要的作用。还有一种选择就是，我们认为一个孤立的系统可以产生力的效应，甚至认为在加速的孤立系统里能观察到力的效应，但假设系统的加速运动只存在它的内部物体间没有丝毫意义，因为这种情况下有意义的只是相对加速运动。

这里，我们也许可以停下来想想我们是如何使用"相对运动"和"相对加速运动"的概念的。我们只是用它们来指一个物体相对于其他物体的运动。但为什么我们不能用它们来指一个物体相对于它自己在前几个时刻的运动呢？当然，在每个瞬间，物体和它本身在同一瞬间的距离都为零，但物体和其他瞬间的同一个物体的距离不一定为零。所以，不同时刻的同一个物体在特定的语境中等价于或者至少是类似于不同的物体。于是，也许对相对主义者来说，只包含单个运动物体的宇宙也是有意义的。因而一个不用和别的系统存在运动的加速运动系统也是有意义的。虽然这种想法很有吸引力，但对相对主义者来说，用这种方式来拓展相对运动的概念是不明智的，因为空间的相对主义者很可能也是时间的相对主义者（考虑到彼此间的某些想法的相似之处）。现在，如果我们考虑一个物体相对于早些时候的自身在运动，那么这就预先假设了我们有某种方法把时间分成不同的单元，即有某个理由使得不同的时间有所不同。时间的相对主义者会说，时间的不同在于时间里事物状态的不同——的确，不同的时间是事物的不同状态。那么，如何区分只有单个运动物体的宇宙稍早点的状态和晚一点的状态呢？当然可以通过物体的不同位置。但是我们又如何区分这些不同的位置呢？通过物体在不同时刻的空间关系。所以，我们在定义不同位置的时候先假定了时间是不同的，而在定义不同的时间时又先假定了空间是不同的。这就陷入了循环论证。所以，相对运动最好是定义为相对于其他物体的运动。

绝对主义和相对主义的碰撞到现在为止还没有定论。绝对主义者无法让相对主义者接受绝对加速观点的所有前提。不管怎么说，绝对主义者看起来获得了些进展。因为传统的莱布尼茨式的对绝对主义的回应是：甚至用绝对主义自己的话来说，绝对空间也说明不了什么东西。绝对位置和绝对运动都不能对我们所能观察到的东西产生任何影响。但是牛顿的球和水桶实验似乎表明绝对空间也不是毫无用处：是物体穿过空间的绝对加速运动解释了作用在它们上面的力。不幸的是，甚至这个结论也是太强了而言之尚早。相对主义者坚持它颠倒了解释的顺序。力才是运动的原因，而不是相反。因此要解释的不是力的存在，而是力的效果，即运动。绝对空间本身是静止的，它是静止的因为它是均匀的——每个地方都一样。

可是，是这样吗？下一章我们将考虑空间也许还有一些非常令人吃惊的性质。在绝对主义企图说明空间是自足的概念的时候，这些性质丧失了。

问题

如果任何事物都是由原子组成，那么原子间必定存在虚空吗？

亚里士多德说"自然厌恶虚空。"那么他如何解释居里克的马德堡实验的结果？

你对下面的话有什么评论："空间一定是自足的东西。因为如果它什么都不是，那么物体间绝不会有空的空间存在。"

52 # 第 4 章
曲线和维数

有些爱情和斜线一样

总是要以一个角度碰头

但是我们的爱情线如此平行，

以致在无穷远的地方也不会相遇。

——马威尔[1]，《爱的定义》

被取代的欧几里得几何

我们从一个难题开始。设想你坐在一间没有窗户，仅有的一扇门也被锁死的房间里。墙上、地板和天花板都没有洞。在什么情况下，不用开门，不用挖地道，也不用在天花板或墙上打洞，而你却能够离开这个房间？

为了寻找一个逃出这个困境的方法，我们需要重新思考平常的一些关于空间的想法。首先，让我们思考直线和它们的性质。我们把直 53 线定义为两点间最短的距离。连接两点（点被认为是没有维数的 ——

---

1. 马威尔（Andrew Marvell，1621—1678），英国诗人和政治家。

即没有占据空间）的直线有多少呢？自然的答案是，必定只有唯一的一条直线通过这两点，因为从一点到另一点的所有路径中，只有一条最短路径。再考虑同一个平面上的两条直线，假设它们向两端无限延伸，会在某点相交吗？如果会，我们就说这两条线斜交。如果它们在无限的长度上不交于任何点，我们就说它们是平行的。现在考虑一条直线和同一平面上的直线外的一个点。通过这个点有多少直线和那条直线平行呢？画几个草图后，我们倾向于一个很自然的答案：有并且只有一条。这样我们就得到平面上直线的两条原理：

　　（A）任意两点间只有一条直线。
　　（B）过给定的直线外一点只有一条直线和它平行。

在古希腊数学家欧几里得（Euclid，公元前300年曾在亚历山大教过书）建立的系统几何学里，这两个原理是最基本的真理。在他的里程碑式的著作《几何原本》里，他首先定义了一些诸如点、线和角度之类的概念，然后列出一些基本的不证自明的真理，以此作为他的几何系统的出发点。最后，从这些基本的公设和定义出发，他在《几何原本》的第十三卷里，用严格的演绎方法进一步证明了几百个定理——那些本身不是自明的、但可以从不证自明的命题中推导出的命题。这些定理中有一个命题是说，一个三角形的内角和等于180度。欧几里得的定理都是从其正确性无须证明的命题推出的。这使得这些命题处于特殊的地位：它们是逻辑上必然成立的真理的集合，是不会错的。任何胆敢否定它们的人将陷入自相矛盾。这些命题和其他事实，比如说一些生物上的事实，非常不同。这些事实虽然是对的，但有可能是另外一回事。

54　　直到18世纪末，欧几里得几何作为唯一正确的几何学的地位也没有受到挑战。偶尔也有过对原理（B）的担心（说得准确点，是一个和它等价的原理，但是我们无须考虑欧几里得表述的具体细节）。（B）是欧几里得的基本公设之一。但是，因为一些难以洞悉的原因，和欧几里得的其他公设相比，这条公设的自明性不那么显然。人们觉得它应该是一条能够被证明的定理。18世纪，一位叫萨凯里（Girolami Saccheri）的意大利神父开始寻找这个证明。他希望证明，假如（B）是一条必然的真理，那么否定（B）将导致矛盾。他失败了，但是，他有足够的信心，通过从（B）的否定命题导出一些矛盾的结论而把（B）放在更牢固的基础上。1733年，他公布了他的结果。萨凯里的工作为高斯（Carl Gauss，后来也因为电磁方面的工作而闻名）所继承。高斯可能早在18世纪90年代就想到了有一种几何学，（B）在这种几何学中并不正确。19世纪20年代，一位匈牙利的数学家鲍耶（Janos Bolyai）独立于高斯的工作，提出了和欧几里得平行公设相矛盾的一种理论。鲍耶的父亲曾把儿子的工作给高斯看，他和高斯当时都在哥廷根大学。据说，高斯的评论是说他已经沿同样的思路思考了许多年，但是对自己的工作感到没有太大的把握，所以没有公布这些结果。俄罗斯人罗巴切夫斯基（Nikolai Lobachevski）是公开发表所谓非欧几何理论的第一人。时间在1829年，虽然他的工作一开始很少有人接受。

高斯、鲍耶和罗巴切夫斯基他们想做什么呢？欧几里得的原理描述的是平面上的直线和几何图形的性质。但如果不是平面呢？那么，直线的性质会很不一样。一条直线在一个平面上可以向两端无限延伸。但是，思考柱面上的一条线（图2）。柱面上线的两端不能无限延伸，因为最终它又会回来。有人会反对说这根本不是一根直线，因为它不

是在一个平面上。可是，如果考虑也在柱面上的两个点 a 和 b，而这根
线正好经过这两个点，那么，柱面上经过这两个点的所有线中这条是 55
最短的。所以，虽然我们觉得这是条曲线，但不管怎么说它符合直线
的定义，因为在所说的曲面上这条线是两点间的最短距离。

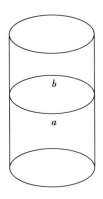

图2　圆柱上的"直线"

　　下一个更有意义的进展是在1854年。年轻的德国数学家黎曼
（Georg Riemann）向哥廷根大学提交了申请无薪讲师职位的论文。论
文题目是高斯定的。这篇文章提出了球面几何的思想。在这种几何里，
（A）和（B）都是错误的。为了明白是怎么一回事，可以设想一个画了
几条直线的球面（图3）。和柱面一样，球面上两点间的最短距离也是
曲线。但是，柱面上的直线同时满足（A）和（B），而图3中所有的线
都交于球的极点。所以，（B）不成立，（A）也不成立，因为通过两个 56
极点间的不只一条直线，而是无数条。

　　目前为止，好像还没什么东西能把欧几里得从几何立法者的位
置上赶下来。因为图2和图3表现的是三维物体，并且大家都知道为

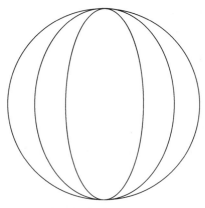

图3　球面上没有平行的直线

了找到这些物体表面上两点间的最短距离，我们不得不从物体表面的上面或下面穿过去。所以，这些例子不能对欧几里得的公设形成真正的挑战。也许可以这样争辩，但思路是错误的。因为我们习惯了把某些二维的图看成是有纵深的，自然就把图2和图3看成是三维物体。不过现在让我们设想，它们实际上表示的只是二维空间：居住在球面空间里的人可以往北、往南、往东、往西运动，但不能向上或向下，因为球面上没有上下。人们很自然地认为二维世界就是完全平坦的。（确实是这样，当阿伯特[1]在1884年出版了一本描写二维世界里发生的事情的书时，他就把书名叫作《平地》。）但我们不用非得这样想。我们可以转而设想一个类似球面的二维世界，但不能把它看成是一个球体的表面，因为球体必定是三维的。不过，虚拟的二维世界上的点可以和一个球体表面上的点一一对应（我们把注意力限制在二维的空间关系上）。很清楚，欧几里得的几何不足以描述这样的一个世

57

1. 阿伯特（E. A. Abbott，1838 — 1926），维多利亚时代的一位教师。他的《平地》讲述了一种叫作扁方先生的生物的奇遇。

界。当然，如果这个二维世界足够大，那么对里面的人来说，看到的就像欧几里得的几何那样。这个道理和一个非常大的球体上一块很小的表面看起来很平一样，但是，适当的测量应该能发现这个二维世界是否是欧几里得的。

这种设想的实验的教益就是，从逻辑的必要性来讲，没有一个几何学是对的：欧几里得几何学和非欧几何学是不矛盾的。而且，我们所得到的二维世界的结果对三维世界也是适用的。那么，这些彼此协调的几何系统中，哪一个正确地描述了我们居住的这个空间呢？这个问题有待解决。我们的三维空间也许是一个弯曲的空间，它的曲率也许是不变的，也许是变化的。空间，像我们所指出的那样，是某种有形状的东西。

可以感知的空间

在看到单靠纯粹数学也不能决定空间的性质后，现在让我们回顾一下前一章介绍的支持和反对绝对空间的一些观点，以便看出非标准几何对这些观点的说服力的影响。

绝对空间的一个用处就是能解释和距离相关的确定的数学真理。A、B、C是三个有东西的空间位置。但给出它们之间的距离信息后，我们可以做出关于虚点的断言，比如"A和B连线上的中点距离C点n个单位。"为了使这句话为真，中点上并不一定要有什么东西。但是，这些关于空位置的命题的正确性显然需要实际存在这种空无一物的位置，不管在这些位置上面有什么东西占着，而这正是相对主义者想否定的。相对主义者提供的一个可能的策略是说，从严格的意义上讲，几何命题根本不是对我们这个世界的陈述，而是对这个世界上数或理想的几何图形之间抽象关系的陈述。线段 AB 的中点不是一个物理的，而是个纯粹的数学概念。然而，正如我们所知道的那样，抽象的世界不只包含一个正确的几何体系。可以有很多种几何来描述不同的空间。这就意味着，相对主义者不能借助于永恒的数学真理来解释涉及虚点之间距离的陈述的正确性。在前面的一个例子中，实点 C 和线段 AB 中间的虚点之间的距离可以用毕达哥拉斯定理计算，但在一些非欧几何里，这个定理是不对的。所以，任何像这样的关于距离的命题，其真理性都需要用可获知的事物的实际物理状态来解释，而这种状态肯定涉及了虚点的存在性。

　　考虑绝对主义的另一个观点，绝对加速运动的观点。绝对主义者争辩说，一个物体不必相对其他物体运动也能运动。绝对加速运动（即相对于空间的加速运动）可以从另一面来解释神秘的力的存在，但相对主义者或者否认力不需要相对运动也能存在，或者否认力的可能存在需要解释。于是，我们陷入了僵局，但上一节对非欧几何的讨论给了绝对主义者一个更好的解释工具。前面的讨论的一个收获就是，虽然空间可能是完全均匀的，但也可能是曲直不一的，或者具有许多不同的形状。曲率或者无曲率限定了物体在空间中的运动。两个开始沿平行路径运动的物体也许发现它们正趋向同一点。这不是因为有力作用在它们身上，而仅仅是因为它们所经过的路径通过了空间的某个弯曲的部分。（想一下两只瓢虫沿瓶子的两边向上爬。它们越靠近顶点，离得就越近。但这不是因为被什么推着它们才相互靠近。）那么，一个物体的运动受到所穿过的空间的影响，而不管这个运动是不变的还是加速的。如果物体所穿过的空间是弯曲的，那么，物体的一些部分可能会被压缩，而其他部分会膨胀。因为空间本身的形状使得物体的不同部分所经过的路线在不同的点会收缩或者发散。结果是产生了物体内部的力。如果没有弯曲的空间，那么也就不会产生力。不过，力的不存在所需要的解释并不亚于它们的存在所需要的解释。

　　还有空间对物体施加作用的另外一个例子。法国的数学家和科学哲学家庞加莱（Henri Poincaré, 1854—1912，他的堂弟雷蒙德（Raymond Poincaré）是法国在第一次世界大战期间的总统）提出了一个明显带有莱布尼茨风格的反对绝对空间的观点。庞加莱让我们设想宇宙中的每个物体的体积在一夜之间就膨胀了一倍。（对绝对主义者来说这非常有可能，因为它涉及的是物体和绝对空间之间的可实现的变化。）但庞加莱问"我们能观察到这样的一个尺度的变化吗？"很清楚，不能。因为我们只能用其他物体的长度和另外物体的长度做比较。这个设想的实验的关键就是，相对长度根本不会变化。所以，突然膨胀一倍这件事，很像在我们读这句话和读下句话之间隔了500万年的时间真空一样：假设绝对空间的存在，甚至仅仅是可能，都好像是多余的。不过，这个观点好像假设了长度的变化不会导致形状的变化，但在非欧几何里我们已经考虑到，长度的变化确实会导致形状的变化。考虑一个很大的球体表面上的一个小三角形。如果三角形足够 [60] 小，而球体又足够大，那么三角形的内角和将非常接近于180度（实际上比这稍微大一点）。但是，如果把这个三角形放得很大，那么它的内角和与180度的差值会大得多：换句话说，它的形状改变了。同样，如果我们把三角形考虑成一个实际的物体，那么这将会产生内力。所以长度上的变化确实有效应。

　　稍加思考我们也许会注意到，相对主义者不会排斥放大两倍的想法，因为它涉及的是物体不同部分间距离关系的一种真实变化。只有同时也持空间度量的约定论观点的相对论者，即认为距离的定义依赖于某种实际的尺子的人，才会抵制放大两倍的想法。因为如果每个物体都放大了两倍（借绝对主义者的话来说），那么尺子的长度也会放大两倍。

　　这样，空间被认为具有一种特性，能解释穿越它的物体的运动。这种特性就是它的形状。这肯定打败了莱布尼茨的观点。他认为，即使我们同意真实的空间就像绝对论者所想的那样，它也解释不了什么东西。空间的存在可以通过物体的运动来感知，而不是通过施加力的作用。这就意味着绝对论者需要给牛顿的运动定律附加一个重要的限制：这些定律也许只适用于欧几里得空间，而不适用于其他空间。

　　相对论者如何回应这些想法呢？首先，思考一下对虚点的命题的看法。相对主义者所能采取的好像有三个可能的策略，有两个不是特别有吸引力。第一个策略是，坚持客观世界中只有一个真正的几何体系，不管它是欧几里得的还是其他的体系。其导致的困难是，不好解释逻辑上不同的几何体系之间的明显的一致性。第二个策略是，允许一些完全有意义的断言既不是对的也不是错的。既然世界上没有虚点使得关于它们的命题为真，那么这些命题只不过是缺少一个确定的真值。我们也许会指出客观事实不足以证明它们为真。这也不是一个有吸引力的观点。假如我们真的在 A 和 B 放上某个物体，比如一段绳子或一根棍子，因而用一条直线把它们连了起来。那么，我们很容易就

得到 C 点到线的中点的距离。这就很难改变我们的直觉：在连接 A 和 B 之前就存在关于距离的一条真理。

最后一个策略是说，这些看起来没有任何东西的虚点实际上是有东西的。这些东西不是通常的客观物体，而是围绕客观物体的重力场或电力场，而且这些力场甚至在真空里也存在。相对论者会指出，这就是为什么我们不能从局部真空的可能性合理地推出整个的空间也是一个巨大的真空。这个策略本质上和第2章结尾提出的时间相对主义者的策略是一样的：把时间归为事物的状态。这好像又是一次相对论者和绝对论者之间的妥协。它既承认了绝对论的观点，认为如果不谈及虚点我们就什么都做不了，又承认了相对主义，把空间归结为某种更基本的东西。所以，正在考虑的这种相对论只不过是用力场代替了绝对主义的空间。实际的几何学描述的就是这些力场的形状。这给相对论者提供了一个方法来解释穿过空间的物体的行为。它们内力的任何变化都可解释为它们所通过的力场的变形。当然，绝对论者会说他们的看法更为深刻：力场的变形或者没有变形不仅是强有力的事实，而且可以用形状和几何学或者无所不包的空间来解释。相对主义者则会反驳说那根本不是什么解释。

绝对主义者还有更多的武器吗？有一个，而且是一个独立于运动和力的武器：手征。

一只手

当我朝挂在卧室墙上的镜子里看时，我看见一个既熟悉又陌生的 62

房间。我熟悉每一件东西：钢琴，沙发，门口，壁炉，它们的形状、大小和彼此间的距离都没有改变。那么，为什么它们看起来还不一样呢？答案很简单，它们彼此间的关系反过来了。真实的房间中在窗户左边的东西，在镜子里是在窗户的右边。但是还有更多的差别，因为当我们走得更近时，每个物体的外形都有点变化。钢琴上的制作者的名字变成了西里尔字符[1]；看起来很端正的一幅画变得有些偏斜；掷铁饼者的塑像好像斜得更厉害。事物的不对称性看起来更夸张。不管如何，镜子看起来是改变了物体的形状，至少是某些物体。但确切的情况是怎样的呢？

18世纪60年代，哥尼斯堡大学（the University of Königsberg）一位当时没有一点名气的讲师正在思考一只手和它的镜像之间的差别。1755年他得到无薪讲师的职位。他的收入是靠私人的学费。1770年，他的命运发生了转变，终于被选为担任哥尼斯堡大学逻辑学和形而上学的教席。他始终是那些在后半生才做出了最好和最有影响的智力工作的人的一个令人鼓舞的典范。他最出名的作品在57岁时出版。尽管担任这个教席时已不年轻，但他坐在这个位置上27年之久。这个人就是康德（Immanuel Kant，1724—1804）。他最初的关于人手能够揭示空间本质的非凡思想发表在1768年的一篇文章里，文章名叫《空间区域差异的终极基础》。

在这篇文章里，康德让我们设想一些确实是非常奇怪的东西：一个除了单只的手之外什么也没有的宇宙。这只手没长在身体上。这只

1.由希腊字母简化而来的一种字母，是斯拉夫民族所使用文字的一种。

手可以是右手也可以是左手 —— 的确，如果存在的话，它必定是两者之一 —— 但靠什么来决定它是左手还是右手呢？如果它长在一个人的身上，问题马上得到解决，因为左手和右手相对于身体来说很不一样。可是我们没有身体来帮助我们（不要设想我们自己也在这个宇宙里面），那么，是手的某种内在的东西决定了它的左右吗？这也是不正确的。因为假设我们对右手进行一系列详尽的测量：从每个指尖到手腕的距离，手掌的宽度，拇指的角度，等等，所有这些都精确地对应于"左"手，即我们的右手在镜子里的像。手的内在空间关系是反射不变的。（当然，我们的两个手间有些内在的差别，但这些和哪只是左哪只是右的事实无关。）但是，如果决定康德那只手的左右性的，既不是手和其他物体的关系（因为这个宇宙里没有其他物体），也不是手的不同部分间的空间关系，那么，只剩下一个可能：手相对于空间本身的关系。

康德感兴趣的这个现象不只是对手来说的：它属于没有平面对称性的任何物体。这样的不对称的图形不能够通过一连串任意的刚体运动（即保持物体形状不变的运动）来与它的镜像重合（准确地重合在同一个空间）。一个螺丝锥就是这样的一个不对称的物体。一些物质的分子，比如肾上腺素和尼古丁，也是不对称的，以"左手型"或"右手型"出现的。这些不同的"手型"明显地具有不同的生理效应。这些物体和它们的镜像称为"不全等的配对"。这个表达同时说明了它们的相似和区别。这种和镜像不能完全重合的性质叫作手征（来自于希腊语 *kheir*，意思是手）。我们也许兴冲冲地认为不对称和手征是同一个性质，但后面我们会看到这是错误的。我们将用"手性"来称呼不是"右手边"就是"左手边"的这个性质：无论手性是什么，它都只

依赖于一只手是哪只手，比如说右手。康德明白手性给相对主义的空
间带来一个挑战，因为相对主义完全用空间的相对关系来解释物体
的空间性质，不管是不同的物体之间还是同一个物体的不同部分之间。
所以，它不可能解释只包含一只左手和只包含一只右手的宇宙之间的
差别。相对主义者认可的所有空间关系在两个宇宙里都是相同的。可
是两个宇宙间确实有个差别，而只有绝对主义者，安插了一个额外的
实体，即空间本身，才能够解释它。

康德后来对空间有个非常不同的观点，即空间不是自足的、独立
于任何意识而存在的实体，而是作为解释我们的经验并使其可理解的
一种方式（在第 6 章将看到他这样做的原因）。但我们这里关心的是
他早期的观点。在往下讲之前，先把他的观点正式地表示出来：

手性的观点：

1. 在只包含一只左手和一只右手的宇宙之间存在一个
客观的差别，即手的手性问题。

2. 手性是一种空间性质。

3. 一个物体的空间性质被三种方式决定：(a) 这个物
体和别的物体间的关系；(b) 这个物体不同部分间的关系；
(c) 这个物体和绝对空间之间的关系。

4. 在这两个宇宙里，(a) 解释不了手性，因为这两个
宇宙里除了那只手外没有其他物体。

5. (b) 也解释不了，因为这些关系在两个宇宙间都是
相同的。

所以：

6.一定是用（c）来解释。

所以：

7.手性的不同需要绝对空间的存在。

　　这个有趣的观点中值得注意的第一点就是，在手性依赖于或者说部分取决于手和空间本身的关系上有些模糊。准确地说，空间是如何决定手性的呢？这种空间的性质依赖于空间本身的情况显然涉及绝对空间的概念。这在前一章已经分析过了。当然，相对主义者不会支持这种性质，并且不管怎么说，它对我们也没有帮助，因为手性和空间位置无关（它在刚体运动下不变）。那么，也许康德认为左手和右手可以通过它们和空间点的不同位置关系来区分。但是这也不对，因为手的任何部分和手外面任意点之间的关系在反射下是不变的。无论如何，这可能不是康德的想法。因为他说决定手性的是手相对于整个空间的关系。当然，也可能康德自己对为什么空间要决定手性也没有清晰的想法。他只知道是某些东西，而且他排除了其他的可能。

　　在相对主义者看来，有两个前提是容易攻击的。一个是前提1。回想一下加速运动的观点。在这个观点里我们设想了一个实验，就是受到离心力作用的物体通常和加速运动联系起来，即使它们没有相对其他任何物体运动。这里，我们考虑在没有其他物体的情况下一只具有确定手性的手。在两个例子中，相对主义者好像都有权说在完全孤立的情况下我们不能准确知道物体拥有哪些性质。也许这只手正好没有一个确定的手性：不能确定它是左手还是右手。但这里，相对主义者面临着直觉的强烈抵触。尽管这是一只手而且有手的不对称的特征，可它不是左手又不是右手，那又会是什么呢？（我们将很快回到这个问题。）

　　第二个易受攻击的是前提5。这里，相对主义者也许有一个更合理的攻击方法。这依赖于威胁第一个策略的那种直觉。假如我们把"物体不同部分间的关系"仅仅理解为距离和角度的关系，前提5是对的。但是，为什么我们一定得接受距离和角度是仅有的空间关系呢？也许手性依赖于手的不同部分间的某些特殊的、但用距离和角度又解释不了的关系，因而，相对主义者可以坚持手性是物体内在的基本性质：内在是指它不依赖于其他任何物体的性质，基本是指它无须用其他性质来解释。这个妙招确实符合我们的直觉和经验。瞧瞧我们的两只手的区别：它们的外形看起来不一样（甚至从不同的角度来看也不一样）。我们不能靠其他物体的存在来知道哪只是哪只。所以，可以非常合理地推测手性是物体的内在的性质，因而前提5是不对的。

　　有道理，但是错误的，手性并不是手的一个内在性质，尽管表面上看起来是。

高于三维？

　　为了更好理解，我们先只考虑二维的情况，这有助于把事情简单化。图4中有两个互为镜像的图形。假设我们限制它们只能在纸平面上运动，那么它们不是全等的：只要不使它们变形，那么无论我们如何移动它们，它们都不会重合。把图4左边的图形a叫作A-形，右边的b叫作B-形。现在看起来它们好像是不同的形状。真是这样吗？不，它们的形状看起来不一样只是因为它们放置的方式。现在我们允许它们在第三维，即垂直于纸面的方向运动。于是，a可以通过一个翻转和b重合。所以，这两个物体根本不是不同的形状。A-形和B-形的差别只是透视的问题，而不是物体内在性质的一个差别。

　　再考虑我们的双手。它们只是图4中两个二维的形状在三维的对等物。像a和b一样，它们外形看起来不同。但它们不是这样。左手型和右手型在外形上的区别与A-形和B-形的区别一样，都不是内在的。这种外观的区别和前面一样也只是透视的问题。只要它们被限制在三维空间，说它们不全等就是对的。但是，现在假设我们引入一个第四维，那么，我们可以让两只手重合，就像通过a或b在三维的一个旋转可以使它们重合一样。当然，这种说法很难得到我们的欣赏，因为我们只能看见三维中的东西，而这限制了我们想象四维中的物体可能是什么样。甚至还可以争论说，既然我们是通过知觉建立起三维的概念，因此，就很难构想高于三维的空间是什么东西。这里，我们也许可以借助维的定义，一种我们早就认为是理所当然的思想。一个维度，在最宽泛的意义上讲，就是事物的某个给定的性质只能沿一个方向变化。所以，我们能够说音调、密度、色调或温度是一维的。假如在一个特定的空间里，一个物体可以沿n个独立的方向改变和另一个物体或空

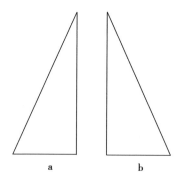

图4 不全等配对

间位置的距离，那么，该空间的维数就是 n（这里 n 代表任意的数目）。比如一个物体在我的北面3码处，并且高出我的脚2码。现在，我可以只沿北方改变物体和我的距离，而保持物体到脚的高度不变。实际中，我们假定了两个物体在空间里正好只沿三个独立的方向改变彼此间的距离。但是，假设空间有第四维，不会带来逻辑上的矛盾：一个物体可以沿着第四个独立的方向改变它与其他物体的距离。毕竟，我们已经看到欧氏几何不是唯一可能的几何，虽然欧几里得几何把空间限制为三维。

虽然这意味着相对主义者不能再通过否定前提5来击败手性的观点，但它加强了第一个策略，即否定前提1。如果左手和右手间的差异不是内在的，而只是透视的问题，那么单只手就无法决定是左还是右。违反直觉的策略证明是正确的，所以手性的观点失败了。但事情仍然没有结束。因为虽然不能决定一只手的手性，但可以决定它是否是手征的，即能不能和它的镜像重合。A-形和B-形在二维中是有手征的，但假如可以在三维自由运动，它们就丢失了手征。手也是这样。如果把双手限制在三维空间——我们假设实际中就是这样，那么，它们是有手征的。但转到四维空间，手征就消失了。所以，它们是否有手征依赖于空间本身的特性：空间的维数。这就提供了一个新观点，它和手性的观点很密切，但是不包含后者的错误假设。

手征的观点：

1.在两个宇宙（一个仅有一只有手征的手，另一个仅有一只无手征的手）之间存在一个客观的差异；

2.手征是一个空间性质；

3.一个物体的空间性质可以被如下之一所决定：(a) 不同物体间的相对关系；(b) 同一物体不同部分间的关系；(c) (b) 再加上绝对空间的某些特性；

4.在上面的两个宇宙中手征无法用 (a) 解释，因为除了手之外没有其他物体。；

5.也无法用 (b) 解释，因为这些关系在两个宇宙中都是相同的；

所以：

6.它一定可以用 (c) 解释（这里所说的空间特性，比如说可能是它的维数）；

所以：

7.手征需要绝对空间的存在。

我已经尽可能以和手性的观点相对应的方式来表述手征的观点，但我们不必真的去想象一个只包含一个物体的宇宙，以便从手征来论证绝对空间的存在。因为我们能看到（至少在二维的情况下）一个物体的手征和其他物体是不相关的。

所以，康德认为手的这个特性依赖于整个空间是对的，但他错误地选择了手的性质——手性，而不是选择它们的手征。此外，他也没有给出手征（部分地）依赖于空间的某个方面，即它的几何性质。对绝对论者的莱布尼茨式的挑战再一次表明，空间本身足以解释遇到的任何问题。对手性和手征的正确理解必须求助于空间本身。

我曾暗示过物体的这种特性，不像物体的运动，它和力没有关系。

在某种意义上，这是正确的。但相对论者为了避免手征观点的结论，也许还是会求助于力。相对论者能解释三维空间和四维空间的差别吗？如果我们只允许一个四维的空间里只有三维物体的话，那么，只通过参照这些物体不能解释维数的差别，但不管是多少维的物体，在它们周围都有力的特征。相对论者可以在关于手征的争论中善于利用这点。我们在第3章说过，物体周围的力场扮演了绝对论观点中绝对空间的角色。现在，绝对论者可能会说这些力场的本质在于空间的维数。与距离的平方成反比的牛顿引力定律指出，地球作用在一个物体上的引力和到这个物体中心的距离的平方成反比，但这只有在三维空间中才是对的。在二维空间，引力也许只是简单地和距离成反比。而在四维空间，它也许和距离的立方成反比。所以，对相对论者来说，可能的一个策略是说空间的维数只不过是引力随距离的变化方式。和前面一样，绝对主义者将坚持有一个更深层次的解释（也就是空间的特性解释了哪一种引力的定律是正确的）。同样，相对主义者将抵制这一点而不屈就于它。

最后，回到这章开头所提出的问题：如何从锁住的房间里逃出？我们需要再次引入维数。首先，考虑一个二维的囚牢，一个正方形（图5）。看起来在它里面的二维小人逃不出来，因为它周围的墙是封闭的。但是，如果允许它在三维运动，那么，它可以很容易地逃出来而不用打破边框（图6）。这个囚牢在二维是封闭的，但在第三维是开放的。

现在考虑一个三维的囚牢，一个立方体（图7）。显然，里面的小人也是逃不出来的，因为它在三个方向都被包围了。但是，如果存在

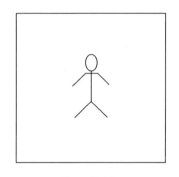

图5　二维囚牢

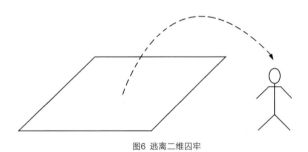

图6　逃离二维囚牢

第四维，虽然这个立方体在其他三维都是封闭的，但在第四维却是开放的又会怎么样呢？那么，我们的小英雄就能逃离囚牢而不用打破囚牢的墙壁。所以，很显然，我们是生活在一个只有三维的空间，不然，我们将不时会听到离奇的越狱事件。

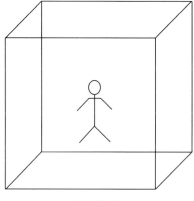

图7 三维囚牢

问题

"平地"是只有二维的空间世界。一个平地人眼里的东西是怎样的？他们对空间的第三维有什么想法呢？他们如何理解他们的空间是弯曲的呢？

你的右手和左手间的差别准确地说是什么？

像下面这样制作一个麦比乌斯（Möbius）带[1]：取一个长的纸条，把它扭转一圈，然后把两端拼在一起，那么，做好的这个物体有多少个面呢？现在，把图4中的图形放在麦比乌斯带上。不让这两个图形离开麦比乌斯带的表面，你能使它们重合在一起吗？

---

1. 数学中的一个拓扑结构，1858 年由麦比乌斯发现。一般的平面有两个侧面，而麦比乌斯带只有一个侧面。

第 5 章
时间的开端和结尾

73

我是阿尔法，我是欧米伽，开端和结尾，太初和末日[1]。

——《新约·启示录》22:13

创世的回音，末日的征兆

19世纪20年代，美国天文学家哈勃（Edwin Hubble）正在加利福尼亚的威尔逊（Wilson）山天文台工作。第一次世界大战后，经以前在芝加哥大学的老师海耳（George Ellery Hale）的邀请，曾想从事法律工作的哈勃加入了天文台的研究团队。威尔逊山天文台是个在许多方面都很出色的天文台：它建在高山的顶峰，因此观察到的天象比其他位置低的天文台要清楚得多，因为位置低的地方大气层更厚，会过滤一些从太空发过来的射线。此外，值得夸耀的是，它拥有当时世界上最大的望远镜：一个100英寸的反射镜。哈勃的第一个发现是河外星系：许多恒星的聚集体，就像巨大旋涡缓慢地绕着它们中心旋 74
转，其中的一些离我们的距离超过1亿光年。随后，哈勃研究了从这

1.希腊字母表中第一个是阿尔法 α，最后一个是欧米伽 ω。

些星系发出的光谱（光通过一个棱镜，被分解为单色光后就产生一个光谱），发现了一些令人惊奇的东西。比如说，从太阳发出的光的光谱有一些特定的黑线：它们说明这些波长的光被太阳大气层中的某些元素所吸收。哈勃发现，从遥远的星系得到的光谱和我们自己星系的光谱有着同样的特征线，不同的是它们朝红色的一端偏移。这就是所谓的"红移"现象。哈勃的解释是，遥远的星系正在相对我们后退。因为，虽然光的速度不会受发射源的速度所影响，但频率和波长会。（光以波的形式传播。光的频率是指单位时间里通过某个固定点的波的数目。波长是两个波之间的距离。速度 v、频率 f 和波长 l 之间的关系是 $fl=v$。）从一个背离我们运动的光源发出的光的频率，比向着我们运动的光源发出的要低。频率越低，波长越长（假定速度为常数），而红光的波长比蓝光要长。所以，从一个后退的光源发出的光在光谱上要朝红色一端移动，而从一个前进的光源发出的光要朝蓝色一端移动。我们都经历过声学中类似现象。比如，一辆摩托车在接近我们时发出的轰轰声在它超过我们并加速离开的时候突然变得低沉。哈勃的下一个发现就是，越远的星系飞离我们的速度越快，因为光谱显示出越远的星系红移得越厉害。

一个正在膨胀的宇宙意味着什么呢？如果星系正在彼此远离，那么，它们不可能永远继续下去。设想我们正在倒着观看一场速度加快了的宇宙演化的电影。我们看到的是星系走得越来越近。最终，所有的物质都会集中在一个很小的空间里。现在，我们让电影顺着放，那么我们看到的是一幅英国宇宙学家霍伊尔（Fred Hoyle）称之为"大爆炸"的令人难忘的景象。（具有讽刺意味的是，只有他取的这个名字保留下来了，霍伊尔自己并不相信大爆炸，而是提出了一个宇宙的

稳恒态理论来取代它。）因此，红移现象为宇宙有个开端提供了证据
（现在被认为是可疑的）。对一些人来说，这就是创世的那一刻。

假设宇宙真的是在膨胀，那么我们也许想知道膨胀是否会永远继
续下去。它是否真的如此只取决于宇宙大爆炸产生的最初的膨胀速度。
如果膨胀得足够快，那么它将超过物体间相互作用的引力，而永远继
续下去。但是，如果速度低一些，引力将发挥作用，导致膨胀速度减
慢，最终使宇宙达到一个完全静止的状态。达到这个状态后，星系间
仍然存在的引力的吸引作用会使它们靠得越来越近，最终导致大爆炸
的镜像："大坍塌"。所以，我们得到一幅不仅包括宇宙如何开始，而
且包括它可能如何结束的图像。这是人类在理解宇宙方面取得的非凡
进展，但我们要问的是：宇宙的开始和结束意味着时间本身的开始和
结束吗？这是一个哲学问题，并且一点也看不出答案必定是肯定的。

有一个概念上的理由支持宇宙大爆炸和时间的开始是同一的。把
第2章介绍的充足理由观点——一个反对过去存在时间真空的观
点——用在目前的讨论中。如果大爆炸的前头是永恒的时间真空，
那么大爆炸缺少一个充足的理由：我们将不得不接受大爆炸是没有原
因的，因而也是随机的无法解释的事件。（这个困难也使人联想起困
扰着圣奥古斯丁[1]（St Augustine）的一个问题：上帝在他创造这个世 [76]
界之前在做什么？奥古斯丁对那些答复说"上帝正在为胆敢探查这些
秘密的人准备地狱"的聪明人嗤之以鼻。）不管怎样，如果大爆炸真
的标志着时间的开始，那么我们说宇宙开始之前存在一段时间真空就

1. 圣奥古斯丁（St Augustine, 354—430），古罗马基督教神学家，拉丁教父主要代表，早期基督
教哲学体系的完成者，395年任北非希波主教。

是多余的了。

宇宙学中有一个反对这种推理的猜想。大爆炸和大坍塌之间明显的相似说明，大爆炸本身也许就是更早的一个宇宙坍塌的结果。大爆炸和大坍塌的轮回的确有可能无限地重复 —— 也许无限地不停地重复，因此，大爆炸的任何证据也不能告诉我们，它是否真的是第一事件，还是只是这样永远不会结束的事件序列中的一环。正如霍金（Stephen Hawking）指出的那样，我们用来推断大爆炸的理论只能在宇宙大爆炸这一点终止，所以，我们不能外推回到大爆炸前的时间。

同样的考虑也可用于大坍塌：我们不知道大坍塌之后会不会有再一次大爆炸，并永远这样继续下去。无论如何，即使我们能够洞悉大坍塌必定是宇宙终结的一些原因，宇宙终结之后和宇宙开始之前的无休止的时间真空所面临的概念基础还是不一样的。于是，在假设我们所在的宇宙的命运就是时间本身的命运时，我们应该倍加小心。

充足理由律的局限

更可能的是，概念上理由的重要性，至少是第一眼看上去，似乎反对时间有个开端和结尾，因为这会引入悖论。事件在时间上有个开端和结尾，但时间本身如何也有开端和结尾呢？一个开端意味着一个变化：以前不存在的某些事物或事物的状态现在存在着。所以，时间的开端就意味着尽管它现在存在，但在这之前不存在。那在什么之前呢？大概是时间本身之前。可这毫无意义：在时间的开始之前没有什么时刻。然而，这个悖论完全是似是而非的。它最多表明我们应该避免把时间的开始作为一种变化。对于这个思想的一个更令人满意的表述就是：如果存在过一个第一时刻，或者如果过去的时间的长度是有限的，那么就说时间有个开端。后面我们会发现这个定义不得不做修改，因为时间的开端不一定需要一个第一时刻，并且过去的时间可以是有限的而不必需要时间有个开端（原因我们后面会遇到）。但我们暂时不去理会这些微妙之处。

我们可以再次在亚里士多德的《物理学》中找到一个更可接受的反对时间开端的理由。在书的第Ⅷ卷，亚里士多德写到：

> 因为离开了"现在"时间不可能存在，也是不可思议的，加之"现在"是一种中点，它既是开端又是结尾，将来时间的开端和过去时间的结尾。所以，可以推出时间一直是存在的。(*Hussey 1983*, 251^b 19~22)

把这表述成一个言之有据的反对第一时刻的观点，结果如下：

> 1.每一个时刻（在某个时间）都是现在。
>
> 2.现在是过去和将来间的中界。
>
> 所以（由2）：
>
> 3.如果时间有一个第一时刻，那么它不能是现在，因为在时间的开始之前不可能有过去。
>
> 所以（由1和3）：
>
> 4.时间没有第一时刻。

前提1好像是无可争议的，虽然实际上它做了一个假设（这个假设在第8章将受到挑战）。不过，前提2好像在回避实质问题。假如我们不想自动放弃一个第一时刻的可能性，那么我们应该公正地把前提2限定为：如果时间没有开端（也没有结尾），那么现在时刻总是过去和将来的边界。另一个做法是可以把现在时刻定义为紧挨在过去的后面或将来的前面的那个瞬间，或者两者都是。所以，没有什么强有力的论点，能从现在时刻的定义推出时间的无界性。

　　我们在前一节中提出，充足理由律迫使我们认为宇宙的开端和时间的开端是一样的。但是，可能更合适的是用它来反对时间开端的概念。因为假设时间，因而宇宙有个开端。那么，虽然我们不能合理地问，为什么宇宙没有比它开始的那个时刻更早开始（因为没有更早的时刻让它开始），但我们依旧可以问，为什么它以这样的方式开始，因为宇宙是如何开始的，可以有许多不矛盾的解释。为什么它只以这种方式开始呢？如果宇宙和时间在同一点开始，我们无法回答这个问题。因为任何尝试的解答都不得不求助于某些先前的状态，而这正是我们要排除的：在时间开始前没有任何状态。所以，如果满足充足理由律是个合理的要求，并且假定，充足理由律要求宇宙的每一个状态都有一个之前的原因来解释也是正确的，那么，我们有一个纯粹的概念上的理由认为宇宙没有开端，因而时间也不会有。

　　但是，我们不得不问，充足理由律的要求是否始终是合理的，是否满足它一定意味着指向一个原因。首先，考虑问题的第二个部分。我们乐于承认不是所有的解释都是因果的。我们能够解释某些事情，通过事情的逻辑结果，或者定义一个术语的需要，或者目的。但当要解释一个有可能不那样的事件，而且很明显是某个原因的结果时，一个因果的解释似乎是易见的候选。至于需要一个充足的解释是否总是合理的，答案是：无论我们以何种观点来看待时间和宇宙，假如不把需要这种解释的情况的范围局限于某些方面，那么不可能总是要满足[79]这一点。我们刚看到，时间上的一个开端似乎破坏了每件事情都需要一个充足理由的原理，但是，现在让我们假定没有开端，因而时间和宇宙一直存在着。那么存在找不到解释的事情吗（甚至在原则上）？宇宙中的每一个事件都能够用一个它之前的事件来解释。这是对的，但我们不能做到的是，为整个的事件序列提供一个解释。因为我们可以想象另外一个宇宙，它在时间上的延伸和我们的宇宙一样长，但演化的历史完全不一样。那么，为什么我们的宇宙正好是这样的历史，而不是别的不同的一个历史呢？我们无法仅仅靠解释每一个单一的事件来回答这个问题，因为这样做就事先给定了一个历史。这就准确地反映了，时间上没有开端的一个宇宙的性质和存在是得不到充分的解释的，也反映了在第一因的观点背后是上帝的存在：因为不可能解释一个无穷序列的性质和存在，所以，宇宙不可能是一个无穷的事件序列，而必定有一个第一因。第一因本身是不需要解释的，这也就是上帝存在的意义。当然，我没有认可这个观点，但我提及它是要表明，当用来决定宇宙是否必定或者不能有一个开端时，充足理由律是一个可有可无的东西。

过去可能是无限的吗？

上一章我们提到康德。那是在17世纪60年代，他正在思考手征对于空间本质的意义。之后，他好像准备赞成空间的存在是不依赖于

80　它里面的物质和意识，但到了1781年，他改变了这个看法。这时他担任逻辑学和形而上学的教授席位已经超过10年了。他的演讲也因为激情和雄辩而出名。就在这一年，他出版了最终使他获得世界声誉的著作：《纯粹理性批判》。书中他详细说明了和以前非常不同的时空观。在书的后半部我们发现下面的观点：

> 如果我们假设宇宙没有一个时间上的开端，那么在每一个给定的时刻之前都流过了无限长的时间，也就有事物的一个依次排列的无穷序列发生过。既然一个无穷序列事实上是永远不可能完成的……因此可以推断宇宙中是不可能发生过一个无穷序列的。因而时间的一个开端是宇宙存在的一个必要条件。（*Kant 1787*，A426）

令人费解的是，这个观点和导致相反结论（宇宙没有一个时间上的开端）的观点，并排出现在同一页。这第二个观点实质上是第2章里考虑过的、反对时间真空的充足理由观点。康德怎么啦？他真的在推销一个自相矛盾的观点——宇宙既有又没有开端吗？当然，他没有做这种事。这两个观点合在一起，是他提出的四个纯粹理性的二律背反中的第一个。除了关于时空边界的这一对外，他还提出了涉及三个命题的正反观点：物质由不可分的部分组成，我们的行动是自由的和存在一个必然的能动［上帝］。他把每个二律背反中一个观点的结论称为正题，另一个观点的结论称为反题。康德解释说，导致困难的原因是我们把反题看做是正题的矛盾命题：即我们假设它们不可能同时为真也不可能同时为假。但康德说正题和反题都依赖于我们可以拒绝的一个假设。换句话说，就是我们有第三种选择。比如，在第一个二律背反中，我们假设时间是存在客观世界的某种东西，一种事物真正具有的性质。所以客观地看，宇宙或者有一个起点，或者没有这样的起点。但我们犯了一个错误，时间不是独立于我们的某种东西。它是一个框架——康德称为直觉的一种形式——为了理解它，我们（无意识地）把经验强加在它的上面。空间也是如此。不是说在这件事上我们有个选择：我们绝大多数的时候都是在不知不觉地使我们的经验在时间和空间上有序，而且如果我们不这样做，经验对我们就毫无意义。但是，既然时间的顺序和事物的广延不是我们之外的东西，那么我们就不用再面对着宇宙在时间上是有限的还是无限的选择：它两者都不是。理解这件事的另一个方法是：如果我们错误地把时间当作是某种独立于我们的东西，那么我们就被迫陷入一个矛盾：世界既是有限的又是无限的。所以，时间在意识之内。这就是康德的不寻常的结论。

　　让我们再看看第一个二律背反的前一半：宇宙有个时间上的起点的观点。这章我们已经小心翼翼地告诫自己，不要不假思索就把宇宙的开端和时间的开端混为一体，但康德的论证似乎对时间来说也一样适用。下面让我们把它表述出来。因为它取决于无限的一个定义性质，即不可完成性，所以我们称之为"不可完成性的观点"。

　　不可完成性的观点

　　1. 如果时间没有开端，那么一段无限长的时间已经过去了。

　　2. 如果一段无限长的时间过去了，那么一个无限序列是可能完成的。

3.而一个无限序列是不可能完成的。

所以：

4.没有过去一段无限长的时间。

所以：

5.时间有一个开端。

82　下一节我们将讨论前提1，但现在我们关心的是前提3。它看起来确实很有道理。设想任何无限长的任务，比如数到无穷大，把π完整写出来，等等。我们能完成这样的任务吗？不能。但需要注意的是当我们想到一个无限长的任务时，自然会想到一个有确定开端但没有结尾的任务。实际上，我们用一个起始点和对那点执行的一个操作来定义一个任务[1]。但有头无尾的序列只是无限序列的一种，还有既没有开头又没有结尾，或者有结尾无开头的无限序列。比如，由所有负整数组成的序列（…，-4，-3，-2，-1）。它有一个结尾，即最后的一个数-1，但没有开头。维特根斯坦曾经请听他演讲的一位听众想象一下：假如有个自言自语的人走过来，当他靠近我们的时候，我们听到他说"5，1，4，1，3——完！"我们问他刚才在做什么，他回答说他刚才是在倒着背诵圆周率。"那不可能！"，我们惊奇地说，"你是从哪一位开始的？"他似乎有些大惑不解，解释说他没有从哪一位开始。如果有这样的一个小数位，那么他肯定从一个确定的整数开始，但圆周率的展开没有最后一位整数，所以他绝不会有开始，而是从无穷的过去一直数过来。无论我们在时间上追溯到多远，他都一直在数过来。这就是为什么他能够完成一个无限序列。的确非常奇怪，但实际上不是不可

1.比如我们把0作为起点，以加上1作为一种操作。那么，我们就可以得到任意的自然数。

能（是指逻辑上的不可能）。

所以，数学家对康德观点的回应是，有一些有尾无头的无限序列，比如所有负整数组成的序列，并且如果可完成性的简单意思就是有个结尾，那么有一些无限序列是可以完成的。所以，毕竟不可完成性不是无限序列的一个必备属性。这否定的好像是前提3。

然而，虽然这在技术上是正确的，但它是对这个观点的一个正确的回应吗？因为这个观点涉及的不是一个抽象的数的序列，而是一个实际的过程，即时间本身的流动。而当我们考虑这样的过程时，假设它们有个起点是不自然的吗？需要承认的是，在试图解释时间有个起点是指什么时，我们用了一个数学上的类比：正整数组成的序列有个起点在于它有第一元素；同样，如果时间有第一时刻，它就有一个起点。所以，如果一个数列可以是有尾无头的，那么，为什么时间不是这样呢？当然，也许是因为发生在时间里的是自然界中的过程，而且我们不愿接受没有开头的自然过程，可能是和我们要求因果解释联系在一起的。没有开头的一列事件所带来的问题是，每个事件的因果解释不可能是有限的：它将永远继续下去。所以，这个序列中任意一个给定事件的因果解释必定是不完全的。因此我们面对着一个令人非常不安的两难问题。如果说时间有个开头，那么就隐含了一个没有原因的事件的存在，即宇宙的开端（无论我们是否把时间的开端等同于宇宙的开端，结果都是一样的）。但如果说时间没有开头，那么就意味着过去可以无穷地延伸，并且宇宙历史中任何阶段的存在都没有有限的解释。有什么途径可以跳出这个两难的处境吗？

大循环

　　在爱丁堡圣十字宫里的苏格兰女王玛丽的宝座上镌刻着一句格言" En ma fin est mon commencement "（法文）：我之结束，即我之开始[1]。同样的话出现在艾略特的一首诗《东柯村》里。这首诗出现在他思考时间本质的诗集《四首四重奏》里[2]。下面的这几句诗明显引用了这些话：

> 风打碎了没关紧的窗玻璃
>
> 然后震动了田鼠窜过的壁板
>
> 又晃动了织有无声格言的破烂挂毯

84　这句格言对玛丽女王来说有着特别的意义。因为虽然她早已被废除了王位，之后又作为一个叛国者被流放致死。但是她，而不是伊丽莎白，生下了伊丽莎白的继承人，詹姆斯，英格兰和苏格兰的国王。

　　《东柯村》的开篇是一个循环的场景：季节的循环，生物腐烂变回组成它们的物质，倾塌的房子和重建，乡间舞蹈的圆形运动。所有的这些例子中，没有最终的开端和结尾，只有不同的变化以一个模式无穷无尽地重复。或者我们也可以这样说，一个阶段的结束就是另一个阶段的开始。艾略特也许会说人类的生命也是如此：我们自然生命

---

1. 苏格兰女王玛丽（1542—1587），出生一周后便即位为苏格兰女王，1567年被废黜，次年逃入英格兰，1587年被英格兰女王伊丽莎白一世下令处死。玛丽的儿子詹姆士后来继承了伊丽莎白的王位。
2. 艾略特（T. S. Eliot, 1888—1965），出生于美国，1927年成为英国公民。他的诗《东柯村》（*East Coker*）第一句就是"我之开始，即我之结束"，而最后一句是"我之结束，即我之开始"。

的结束只不过是以灵魂为形式的一个新的生命存在的开始。

　　是的，也许有两种方式来解释《东柯村》中出现的时间景象，但神学除外。第一种解释很容易想到，即历史——事件在时间上的序列——是循环往复的，所以，无论现在发生什么，在将来的某个时刻还会发生。不过时间本身保持线性：每一个循环，虽然和它的前一个相似，但仍然是在更后的时间发生。单个事件虽然和更早的事件在种类上没什么不同，但在数字上仍然是可区分的。同一个事件不能发生两次，但同一类的事件可以发生不止一次。比如，每一个春天都是不同的春天。第二个解释，也许是更复杂的解释（虽然我没有认真地指出这就是艾略特脑海中所想的），就是不仅是历史，连时间本身也是循环的。换句话说，我们根据时间、根据什么在什么之前发生来给事件排序，得到的结果是一个大圆圈（图8）。注意到每个事件只精确地发生一次，历史本身并没有重复，而且既没有开头也没有结尾。每一个时刻都有一个前面的时刻和后面的时刻。这幅图中的时间既是无界的（无头无尾）又是有限的：它在哪个方向都不是无限延伸的。所以，循环的时间避免了时间的一个开端的概念带来的困难——那将导致 85 一个无原因的事件——因为这幅图中历史的每个阶段前面都有一个更早的阶段，所以更早的这个阶段可以作为它的原因。它也避免了一个无限序列带来的思想上的困难——历史中的任何阶段都不会有一个完整的因果解释——因为我们只需要为每个事件指定一个有限的因果链：这个因果链如果延伸得足够远，那么它最终将回到我们开始的那个事件。

　　如果循环的时间在逻辑上是可能的，那么，我们就会同意康德的

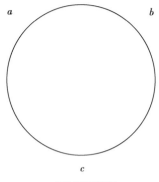

图8 循环的时间

观点：我们不用被迫在世界有个起始的时间和过去的世界是无限的之间做出选择。还有第三种可能：过去既是有限的，又不用有第一时刻，而且这种可能使得我们避免了康德的替代方案：时间不属于世界本身。但在我们高兴地采用这个解决方案之前，我们需要面临时间的这种不同寻常的刻画所带来的新的困难。

第一个迷惑不解的地方表达得不是很清晰，仅仅是些疑虑。过去发生的东西何以也发生在将来？现在发生的何以也发生在遥远的过去？我们正记着的东西何以也发生在将来？也许解决这个担心的最好方法是指出，如果时间是个圆，那么它一定是一个非常大的圆。考虑到从一些星系发出的光到达地球也需要100亿光年，那么确实也是如此。所以，在过去和未来间还有一个所谓的局部不对称：在最近发生的事不一定在不远的将来发生；现在正发生的不是恰好在相对遥远的过去发生，我们所记得的也不是即将要发生。

第二个担心是，循环的时间也许和时间最显著的一个性质相冲突：时间的方向。因为如果过去和将来是同样的时间，那就不意味着从过去到将来和从将来到过去是同一个时间方向，从而没有一个基本的方向吗？时间的方向，换个方式来说，就是过去和将来之间的差别。但如果时间是可循环的，那就没有这样的差别。然而，这个思路是错误的，循环的概念不一定和方向的概念不一致。想想艾略特的诗中挽成一圈的乡村跳舞者。每一个也许正在看着在他右边的舞伴，而不是左边的舞伴。跳舞的圈也许是以顺时针的方向围着火堆转，而不是反时针。并且，像前面指出的那样，循环的时间有一个局部的不对称，即最近的过去不是最近的将来。但还有一种表达时间方向的方式显然和循环的时间相冲突。这种方式暗示着过去是真实的，而将来不是。（在第8章将提到的一个问题。）

第三个担心是时间的流逝。我们不可避免地会想象"现在"这个时刻围着圆圈在转：首先a是现在，然后b，其次是c。最后现在又回到a。可是这不就意味着a有两次成为现在，结果荒谬的是一个同样的事件会出现两次吗？这显然是不合逻辑的。不过，一旦我们把现在时刻在移动的思想引入循环时间中，那我们就不能仅仅设想现在时刻是围着圆圈在重复地转。如果圆圈代表时间本身，那么我们不得不说每个事件既发生了一次又发生了无限多次。这就自相矛盾了。实际上我们在时间的描述中引进了两种表示方式：圆圈本身和现在时刻围绕它的运动。但好像我们不能同时使用两种表示。所以，看来循环时间 [87] 的思想和时间流逝的思想相互排斥。

第四个也是最后一个困难，涉及因果律。不管怎么说，循环的时间中每个事件只有有限的因果链，并且没有无原因的事件。我们把这一点作为循环时间模型的优点加以宣传，但非常奇怪的是，因果链会把我们带回到我们试图解释的那个事件。确实没有什么事件可以是它本身的原因，即便是遥不可及的原因。说得更正式一点：标准的因果关系具有以下的逻辑性质：不对称性（如果x是y的原因，那么y不可能是x的原因），传递性（如果x是y的原因，y是z的原因，那么x也是z的原因）和非反身性（x不可能成为它自身的原因）。但在循环时间里的一列事件中，因果律无法同时满足这三个性质。假定它是可传递的，那么在图8中，如果a是b的原因，b是c的原因，c又是a的原因，我们就可以同时推出a是a的原因（是自反的）和b是a的原因（是对称的）。反过来，如果我们假定因果关系是非反身和不对称的，那么它不可能是可传递的。所以，循环的时间和我们关于因果律的一般理解相冲突。

这章中我们讨论的是无论我们建议的时间结构是什么，无论我们是把它看作有头有尾，还是无限延伸，或者无界但有限（循环的），我们都会和因果律发生冲突。实际上我们发现的是因果关系的以下假设不可能全部成立：

  (a) 任意给定事件的因果链是有限的；

  (b) 不存在没有原因的事件；

  (c) 因果关系是不对称，非反身和可传递的。

这三个假设结合在一起排除了时间和历史的所有可能结构。设想时间和历史都是无限延伸于过去，那就排除了（a）。再设想时间没有开头，但是宇宙有开头，那就排除了（b）。（我们不能试图通过假定第一个事件是自为因果的来绕过这个问题。因为那就排除了（c）。）设想时 [88] 间和宇宙都有一个开头（也许是也许不是同一个时刻），那也同样排除了（b）。如果设想时间是无界有限的，而历史是有头有尾的，那么这依然排除了（b）。最后，设想时间和宇宙都是无界有限的，那就排除了（c）。

所以，摆在我们面前的路很清楚：要么接受包含不可避免的矛盾的时间的概念，因而如康德所说的那样，时间不属于世界本身，它只不过是我们在这个世界上的投影；要么必须修改对因果关系的一个或多个假设，以便为可能的时间结构提供更多的选择。

问题

第一节中讨论的大爆炸的证据，是不是也说明了我们处于一个正在膨胀的宇宙的中心？

如果没有比一个无穷的集合更大的集合，那么可以推出一个无穷的集合不能再加入元素了吗（因为它已经尽可能的大）？如果是，那么既然过去的时间的集合始终是在加大，那就意味着过去必定是有限大，因此就有一个起点吗？

如果时间是可循环的，那么认为有一个造物主的想法又会怎么样呢？

89 # 第6章
空间的边缘

倘不是因为我总做噩梦，那么即使把我关在一个果壳里，我也会把自己当作一个拥有无限空间的君王的[1]。

—— 莎士比亚（William Shakespeare），《哈姆莱特》

站在边缘的阿基塔

空间会有一个最外面的界限，一个在它之外没有任何东西，甚至连空间本身都不存在的边界吗？假设有，并且你站在边界上，那么你能够把你的手臂伸过它吗？就我们所知，这个说来简单但又令人困惑的难题，是柏拉图的一个朋友阿基塔（Archytas）首先提出的。他不仅是一个哲学家和著名的数学家，还是公元前4世纪意大利南部塔仑坦（Tarentum，即今天的塔兰托）一位政绩显著的行政官。他的贡献之一是建立了音乐的数学理论。但最为人所知的是他的关于空间边缘的难题。

阿基塔对这个谜题的回答是：如果我们不能把手伸过任何假定

1.译文摘自《哈姆莱特》（朱生豪译，人民文学出版社，1977）。

的边界，那显然是荒谬的。但如果我们可以伸过去，那就表明还有可 90
以把手放进去的空间。所以，我们认为是空间的边界实际上不是边界。
现在，设想我们移动到我们的手伸到的那一点，并且再次进行这个实
验。和前面一样，我们继续问是否能够伸手越过这点，等等。既然这
个方法可以无穷继续下去，那么，就可以推出空间没有边缘，因而是
无限延伸的。

为什么阿基塔认为一个人不能伸手越过任何已有的边界是荒谬
的呢？我们不能肯定是这样，但是后面的一个详细论证指出，如果我
们的手无法越过一个给定的点，那么必定存在一个有质的障碍。而障
碍的存在需要占据空间，所以可以推出越过这点还有空间。于是，不
管我们能否把手伸过任何给定的位置，在这位置外都还有空间 ——
如果我们能，它容纳的是我们的手，如果我们不能，它容纳的则是有
质的障碍。但还是有疑问。首先，我们可以说阻挡我们手的障碍没有
厚度，就像一个球体的二维平面一样。其次，即使它有厚度，也没有
理由假设它一定要占据一个有限体积的空间。而且，一个有限的障碍
好像足以阻止这样的论证继续往下推，因为障碍本身就意味着不允
许穿过它。但也许我们能够尝试用一种稍微不同的方法来扩展这个
观点。假设宇宙的周围存在一个物质的障碍阻止任何东西越过它，那
么宇宙能够扩张吗 —— 即障碍自己的体积能增长吗（根据它的表面
面积）？如果能，那么边界的最初界限之外还有空间。但如果它不能，
那么越过第一个障碍一定有一个包容空间的障碍，阻止第一个障碍
增长体积？第二个障碍能够扩张吗？如果可以，那么在它之外还有空
间；如果不能，那么有另外一个障碍，等等。

当然，阿基塔也许没有根本想过这种物质的障碍。他的推理相当

91　简单：如果假定的前提是边界之外没有东西，那么就没有什么东西能
阻挡我的手伸过边界。因此认为我不能这样做是荒谬的。（说越过边
界没有东西时，我们就已经排除了一个物质障碍的存在。）后来的评
论家，如阿弗罗迪西亚斯的亚历山大（Alexander of Aphrodisias），很
聪明地指出了这个推理中的缺陷。虽然一方面没有东西阻止我伸过手，
但也没有东西能让我伸手。如果边界之外没有空间（如果有的话它就
不能称为"空间的边缘"），那么也就没有空间让我放手进去。这里说
的是逻辑上的不可能性，而不是物理上的不可能性。我的手必然会占
据一定的空间，因此它的伸入也需要空间。如果我们在这个语境中谈
论障碍，那么阻挡我的是逻辑上的障碍而不是物理的障碍。

虽然对阿基塔的这个答复可能非常正确，但并没有完全解决他的
观点。因为难题仍然存在：运动的物体在空间的边缘表现出何种行为
呢？在牛顿的物理学中，一个沿直线做匀速运动的物体，如果没有外
力的作用将继续这样运动。但现在，让我们设想这个做匀速运动的物
体碰到了空间的边缘。它将做什么运动呢？没有力作用在它上面，因
为没了空间也就产生不了力的作用。不过，它不能继续做直线运动：
它必须停止，或转个弯，或 …… 好的，我们对它将如何运动的准确情
形没底，但它的运动肯定不符合牛顿第一运动定律。所以，我们要么
抛弃第一定律而采用其他也许更复杂的定律，要么放弃运动定律在每
个地方都一样的思想，要么拒绝承认空间有边缘的思想。所以，如果
说阿基塔没能成功地证明空间边缘的概念会导致逻辑上的谬论，那么
他好像成功地使我们对这个概念感到不安。

宇宙之外还有空间吗？

92

不管怎么说，暂时假设空间没有边缘，因而是无限的（我们将在后一节看到这两者不是等价的）。那么宇宙有可能在某个地方结束吗？即存在离我们最远的物体的集合吗？或许对世界的最自然的看法是宇宙作为物体的一个集合是有限的，但空间不是。然而这个看法引起了一些有趣的概念上的困难。

我们回到康德的《纯粹理性批判》中的第一个二律背反。一个二律背反包括两个论证，一个是正面的论证，一个是反面的论证。第一个二律背反中的反面论题是"宇宙没有开端，在空间没有尽头；它在时间和空间都是无限的。"让我们集中注意这个论题的空间部分。康德关于它的论证如下：

> 开始让我们假设相反的论题，即宇宙在空间上是有限和有界的，因而存在于一个无界的虚空里。因而事物不仅在空间里相互联系，而且和空间也相互联系。现在既然宇宙是个绝对的整体，在它之外没有直觉感知的物体，宇宙因之也就没有和什么东西相关，那么宇宙和虚空的相关就是宇宙没有和什么物体相关。但是这样的关系，因而虚空对宇宙的局限也就什么都不是。所以宇宙不能局限在空间里：也就是说它在外延上是无限的。（Kant 1787, 397～398）

康德从他要反驳的命题 —— 宇宙在空间上是有限的 —— 出发。他的两个前提（这里不为之辩护）：第一个是空间是无限的，第二个是空间的关系只在物体间成立（和绝对空间的观点相反）。很清楚，他认为空间没有边界是不证自明的（或者至少空间作为我们之外的某种东西，认为它有边界是没有意义的），所以不需要任何的论证。考虑到最后一节将遇到的一些担心，我们可以勉强承认他的这个前提。也许更令人困惑的是，他没有为第二个前提提供证明 —— 这个前提和空间相对论的一个假设差不多。但他早期关于不全等的配对的工作表明，至少在某个时期他好像被绝对空间的概念所吸引。所以，这种观点的转变需要一些解释。

我们也许希望这个时期的康德会诉求于充足理由律来捍卫相对主义的前提，就像他论证宇宙在时间上不能有一个开端一样。因为同宇宙开始前的时间意味着没有原因来解释为什么宇宙就在那个时刻开始一样，宇宙之外的虚空也意味着没有原因能解释宇宙为什么就位于它正处在的位置而不是别的位置。所以，一个无限空间中的有界宇宙的思想，满足不了充足理由律的要求。

康德的论证中有麻烦的是第二个相对主义的前提，而不是第一个涉及空间无限的前提。康德用这两个前提来证明宇宙在空间上是无限的。但他也同样能很好地把相对主义和他的正题，即宇宙在空间上是有限的，相结合来证明空间是有限的。因为如果空间只是物体间的关系的集合，并且数目有限的物体彼此间距离也有限，那么，认为空间真的能延伸到最远的物体之外就没有意义。有趣的是，阿基塔的论证不能使我们放弃空间边界的概念。因为假设我们挨近宇宙中最遥远的物体（指到宇宙中心的距离），我们能够伸出手臂越过它吗？相对主义没有给我们以任何不能这样做的理由，但它不能从我们能伸出手臂的命题，推出在伸出手之前那里就已经存在空间的命题。对相对主义者来说，当我们伸出手时，我们正在建立一个物体间的新的空间关系。因为空间毕竟只是这些关系的集合，所以就延伸了空间。因此，如果 [94] 我们对空间有个边界的想法感到不安，如果我们自然假定空间一定是无限的，那也许是因为我们无意中采用了绝对空间的概念 —— 空间就是空间，它与它正好包含的东西完全无关。

　　和时间一样，康德把关于宇宙不可能是有限的论证和宇宙一定是有限的论证并列在一起。而且还是跟时间一样，从两个互斥的结论得到的两个同样有力的观点中，康德得出结论：空间不是客观世界独立于意识的一个方面。注意到康德并没有把时间和空间的概念当作是不一致或者矛盾的。假如是矛盾的话，就很难说清它们如何仍然能够在理解我们的经验时起到部分作用。更恰当地说，只有在我们试图把这些概念用到客观世界本身的时候，矛盾才有威胁。如果时间和空间是客观的，是独立于意识的客观实在的性质，那么我们不能给出客观实在在时空广延上的一个一致的描述。

　　人们除了禁不住想知道康德是如何使《纯粹理性批判》中提出的空间理论和他早期不全等的配对的观点协调一致外，还期望左手右手之间存在差异的难题会使康德难堪，但一点也不会。康德发现《纯粹理性批判》的第一版没有激起他所预期的反应后（朋友告诉他读者觉得它难于理解），出版了一本小册子，目的是作为《纯粹理性批判》中一些主要论题的入门指导，并且他表达得很不一样，希望这样能更容易被人理解。这本小册子出现在1783年，名字叫《未来形而上学导论》。这里，他直接用数学和自然中不全等的配对来支持空间是依赖于意识的观点。他在1768年的文章指出，相对主义无法解释一个不对95 称的物体和它的镜像之间的差异。随后，他好像认定绝对主义也不能做得更好。他头脑中的观点也许一直是这样的东西：决定一只手的手性的空间属性，不能为只包含物体的空间关系的系统所拥有，也不能为一个自在之物所拥有（为什么？因为这样的东西只是它的每个部分的集合体，而空间的一部分不能决定一只手的手性）。所以，它只能为依赖于意识的东西所拥有。

无限的错觉

现在是挑战康德认为理所当然的假设 —— 空间必须是无限 —— 的时候了。空间有无限的广延，真的就比空间有个边界的想法更好理解吗？而且回到阿基塔的难题，就算空间是有限的，空间中物体的行为能使我们知道空间是有限的吗？

正如我们上面所注意到的，康德有一个观点反对宇宙的无限广延。而这点同样可以应用于空间。他的论证如下：

让我们再一次假设相反的论题，即宇宙是共存的事物组成的无限的整体。一个在直觉上没有特定的限制的量的大小，可以认为只能通过它的部分的综合来达到。这样一个量的总数只能通过重复地一个单位加一个单位的综合来完成。所以为了把宇宙看成一个整体充满在空间中，一个

> 无限宇宙的所有部分的不停的综合必须认为是完成了。也
> 就是说，所有共存事物的枚举花费了无限长的时间。然而
> 这是不可能的。(*Kant 1787*, 397~398)

这里关键的是如何说明形成一个非常大的量的思想。我们用容易把
握的一个长度（或面积，体积）的特定单位，来合计组成这个量需要
多少个这样的单位。换句话说，我们通过量的部分来构建量的整个大 ⁹⁶
小。所以，数量大小的概念要求我们能够完成用单位计数的过程。但
根据定义，一个无限的序列是不能数完的：我们永远到不了序列的终
点。因此，从我们如何形成量的大小的这个解释，可以推出我们得不
到关于无穷大量的概念。

康德的论证也许过头了，因为它表明我们根本不能形成无穷的概
念。这真的是很可笑的结果，因为既然我们清楚地知道没有最大的数，
那么似乎可以推出数的序列是无穷的。为了弥补这个缺陷，看看亚里
士多德对无穷的处理也许有些帮助。

亚里士多德是位有限主义者：也就是他相信，任何一个时刻存在
的事物的总数不会是无限的。现在，假如空间在广延上是无穷的，那
么空间在任意给定时刻就可能包含无限多个有限大小的单元，而这是
不可能的 —— 或者至少我们没有这样的概念。我们可以说"空间在
广延上是无限的"，但我们不清楚这句话传达了什么意思。不过，从
这点推不出无限的概念是不协调的。在有些语境下，完全可以接受对
事物某个方面的无限的描述。亚里士多德承认有些东西，比如数列，
是无限的。但他把这描述为只是一种潜无限。数本身不是独立于意识

的存在，真正存在的是计数的过程。数在这个意义上是无限的：一个人无论碰巧数到哪个数，他一定还能数出一个更大的数来。所以，无限不是物体（数）的集合的一个性质，而是计数过程的一个性质，即计数没有一个自然的极限。当然，在任何实际的计数过程中，一个人只可能达到一个有限的数。对亚里士多德来说，在实无穷和完全可以接受的潜无穷之间存在一个基本的区别。潜无穷指的是可以通过一些如计数或分割的过程来实现的东西，并且这个过程没有极限。而实无穷，如果真的有，指的是实际已经存在的东西。所以，我们能接受康德关于空间有限性的结论，而不必认为这个观点隐含着用无限来描述实际的东西是不合适的。

　　那么，无限延伸的空间的概念是不是像亚里士多德所想的那样，是一个实无穷的概念呢？无害的潜无穷的概念不足以捕捉到无限延伸的空间的思想吗？我们也许尝试沿着如下的路线：不管你离任意给定的物体有多远，你总还能走得更远。但空间无限延伸的内涵不只是说远离的过程没有自然的极限，除非我们认为空间是以某种方式实现的 —— 通过物体的运动而得以存在。就我们认为空间是独立于其他事物的存在而言，它的无限延伸只能用实无穷来描述，而不单是潜无穷。但是，现在假定我们同意康德的观点，认为意识之外不存在空间。那么空间的无限延伸，可以认为是沿着亚里士多德的潜无穷的思路：无论你能把一些遥远的物体想得有多远，你总是还能把它们想象得更远。然后，设想我们是相对主义者，认为空间是物体之间独立于意识的关系组成的一个系统，那么我们还是能够把空间的无限延伸解释为一个潜无穷：尽管一个物体可以离其他物体很远，但它总是能离得更远。空间关系组成的系统始终可以扩展，虽然在任意一个时刻它是有限的。然而，绝对主义者认为空间是独立于空间里面的任何意识、物体或过程的，所以空间如果是无限的，必然是实无穷。一个人对空间无限的看法好像依赖于他对空间的看法。绝对主义者最难应付亚里士多德的挑战，即解释我们是如何准确地形成一个合适的无限空间的概念。

一些宇宙虽然是有限的，可是仍然会给人以无穷的错觉。考虑庞 98 加莱（我们在第4章里第一次遇到他）提出的一个假想的宇宙。这个宇宙是有界的。但当物体离开宇宙的中心时，它们在收缩。根据庞加莱的精心设计，这个宇宙是个理想的球形。如果宇宙中心的任意物体的体积为v，那么它们的体积在距离球体边缘d处时为$v×d/r$，r是宇宙的半径。所以在中心和边缘之间的任意一个等分点，物体的体积正好是它在中心时的一半。

现在，让我们想象这个宇宙的一位居民正在动身从中心旅行到边缘，并且决定测量从中心到边缘的距离（图9）。他带了一根码尺来量他的步长。为了给这个虚构的故事再增加点细节，我们可以想象一些全能的先知已经告诉这位无畏的探险者，他所在的宇宙的半径只有10000码，而这位探险者想验证这个信息。他出发了，测量每一步的长度。但他不知道，他和他的码尺正在变得越来越小。他测量每一码 99 时，实际上都经过了一段缩短了的距离。当然，他最终会经过他认为是10000码的地方，并且这时到边界的距离好像和他刚出发时一样远。他又测量了一个10000码，可还是看不见边界在什么地方。就这样继续下去，他能到达边界吗？不能，因为通过上面的公式，在边界时他自己的大小会变为零。他可以接近这点，但是永远到不了。他自然会觉得被全能的先知无情地戏弄了，于是开始怀疑，他所在的宇宙根本没有边界。但是，先知没有欺骗他，告诉他的就是事实。

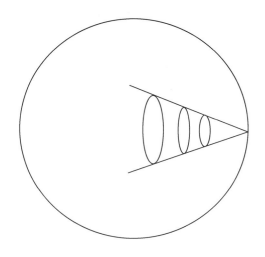

图9　庞加莱的宇宙

　　这个有趣的故事的启示就是，我们所在的宇宙也许有点像这个虚拟的宇宙。也许空间的确有个边界，但当物体接近边界时，物体的大小会以它们实际永远到达不了边界的方式而发生变化。我们在第4章已经看到物体会受空间性质的影响（或者如果这点难以让绝对主义者接受，也可以说是受力场的性质的影响）。如果空间的曲率足够大，物体大小的变化可能很明显，就像它在边界时一样。所以，对阿基塔的难题——"物体在空间的边界上的行为如何"的回答是：取决于空间在那里的性质。

　　通过这一章我们倾向于这两个思想是等同的——或者至少不作区分——空间没有边界和空间可以无限延伸。但是，像在循环的时间中看到的那样，有些东西可以是既无界又有限的。空间也可能是无界却有限的。用一个更简短的说法，它也许是封闭的。球面是二维封闭空间的一个例子：它是有限的，但没有边界。结果是在这样的空间中，一个沿直线运动的物体最终将回到出发点。所以，如果我们能够发出一条光束到达空间的最远处（光沿直线运动，除非被其他物体阻挡或弯曲），它能回到起点吗？也许。

问题 100

如果空间有个边界，那么你试图穿过它的时候是一种什么样的感觉呢？

如果你的手臂可以越过一个给定的位置，那么就可以推出那里必定已经有空间以容纳你的手吗？

如果物体在接近空间的边界时尺寸会缩小，能察觉到这种变化吗？

¹⁰¹ # 第 7 章
无穷和悖论

　　一间单独的房间，没有部分，也没有大小。

　　　　　　　　—— 李科克（Stephen Leacock），《寄宿公寓的几何学》

芝诺：乌龟如何打败了阿基里斯

　　阿基里斯[1]向乌龟挑战赛跑。作为一个运动员，并且知道对手在速度上的劣势，他让乌龟先跑100码。这真是很大方的让步了，因为阿基里斯不算最快的竞跑者。实际上他的速度只是乌龟的10倍，但这应该足以保证他获胜。大概他也计算过。比赛开始了。当阿基里斯跑到乌龟的出发点 —— 离他的出发点100码的地方时，乌龟已经移动了10码。当阿基里斯跑过这10码时，乌龟又移动了1码。当阿基里斯跑过这1码时，乌龟还是领先0.1码。让阿基里斯吃惊的是，事情一直都这样，乌龟始终在前头，并且虽然两者间的距离在减小 —— 0.1码，0.01码，0.001码 —— 但永远不会为0，因为任意长的距离都可以用¹⁰²10无限地除下去。所以，得到的奇怪结论就是：如果速度慢的竞跑者领先一定距离，那么更快的竞跑者就永远追不上他。

1.阿基里斯（Achilles）是古希腊传说中跑得最快的人。

这个悖论归功于爱利亚（Elea）的芝诺。他出生于公元前490年左右，是谜一般的哲学家巴门尼德的学生。巴门尼德的观点是，世界由单个的不可分的物体构成——一元论的一个非常极端的形式。据猜测，芝诺在年轻的时候写过一本书，这也许是他写过的唯一一本书。里面讲述了和多元论有关的多种悖论（多元论认为宇宙间不只一种物体或性质）。这些精心构思的悖论展示了否定一元论所带来的荒谬之处。猜测芝诺通过这来支持巴门尼德的一元论肯定是有道理的，不管这是不是他的真实目的。芝诺和巴门尼德属于刚开始把哲学思想写下来的时代，所以毫不奇怪，苏格拉底之前的年代里没有哲学方面的文字流传下来。我们关于他们的知识依赖于后来作家引用的一些片断。这些作家中最早的一位是柏拉图，写作于公元前4世纪。最晚的一位是辛普里丘（Simplicius）写作于公元6世纪。此外，前苏格拉底时代的这些思想和观点被许多古希腊早期作家所讨论。除了柏拉图之外，最重要的就是亚里士多德。关于芝诺的著作，我们只有一段声称是直接引用他的原文（被辛普里丘引用）。其余的我们不得不依靠像亚里士多德这样的作家做的记录。他是怀疑这些悖论的。

上面说的悖论被称为阿基里斯悖论（引入一只乌龟而不是一位无名的竞争者是后来的一种润色），是芝诺提出的关于运动的四个有名的悖论之一。其余的悖论是二分悖论（有时也称为竞技场悖论），飞矢悖论和赛车悖论（令人不解的是有时也称为竞技场悖论）。可以论证的是，二分悖论是阿基里斯悖论的另一种说法，因为看起来它们依赖于同样的思想。这个悖论是说：考虑一个从A运动到B的物体，为了到达B它首先必须经过A和B间距离的一半，再经过剩下的一半的一半，然后又经过一半的一半的一半，如此等等。很明显，这个过程不会结束。因为我们可以一次又一次地把剩下的距离分出一半,尽管非常小。得到的结论就是为了从 A 运动到 B,物体必须经过无穷多个半个的距离。而这是不可能的,因为没有东西可以完成一个无穷的过程。这个悖论的另一个提法是说,物体甚至无法开始运动:为了到达 B,物体首先必须经过 A 和 B 间的一半距离,但为了经过这一半的距离,它又必须首先经过这一半距离的一半,如此等等。所以,为了到达运动中的任意点,不管离它的出发点有多近,物体都必须经过无穷多个半个的距离,而这是不可能的。

无限可分也是芝诺另一个悖论的主题,虽然这个悖论涉及的不是运动而是大小。它没有传统的名字,可以称之为*部分和整体的悖论*。它的一个表述是:给定一根有限长的木棒。现在设想把它分为两半,然后再把这两半都两等分,如此等等。这个过程没有极限,所以,这根木棒包含无穷多个的部分。那么每个部分是多大呢?如果我们说每一部分有一个非零的有限长度,那么,因为木棒包含无穷多的这样的部分,所以木棒本身的长度必定是无限长的。而且因为所有的棒,不管多长,都是无限可分的,所以,所有的棒必定都是无限长的。而这显然是错的。但假如每一部分都没有长度,那么棒本身的长度也为零,因为即使是无穷多个为零的部分加起来也是零。

当然,我们可以指出棒不是无限可分的,因为任何分割的过程,如果不是很快,最终都不得不在达到物质的基本组成单位时停下来。这正好是原子论者所认定的东西。在苏格拉底前他们的代表人物是德谟克利特和留基伯(Leucippus)。但这一点并没有真正击败这个悖论。因为我们可以不用木棒,而考虑木棒所占据的空间区域,并且我们的直觉认为空间本身是无限可分的。

对芝诺的两个回应：无穷小量和有限论

我们可以在两个层次上回答芝诺的悖论：一个是把它们看成是需要数学的方法来解决的数学难题；另一个是把它们看成是更为深刻的哲学上的或概念上的困难。让我们看看第一个办法。我们可能想说芝诺犯了一个简单的错误。这个错误在部分和整体的悖论中看得最清楚。比如说那根木棒（或者它所占据的空间）是一个单位的长度（采用什么单位无关紧要）。那么如果我们把它分成两半，每一半正好是1/2个单位。每一部分的长度乘以所有部分的总数始终等于1。所以，如果我们说分成了无穷多个部分，那么每个部分的长度是多少呢？也就是说什么样的长度乘以∞（无穷大）才等于1呢？答案是1/∞。换句话说，每个部分都是无穷小。并且无穷多个无穷小量的和正是一个非零的有限量。根据这样的方法，芝诺认为无限可分会导致一个真正的悖论的原因，只不过是他（包括后来的作者，比如亚里士多德）没有无穷小量的概念。

那么阿基里斯和二分悖论又怎么样呢？正如所说的那样，我们认为阿基里斯永远追不上乌龟的原因之一是：为了追上乌龟，阿基里斯不得不完成一个无穷多的步骤——跑过100码，10码，1码，1/10码，等等。我们也假设了，没有什么东西可以在有限的时间里完成无穷多的步骤。但在数学上这是完全可能的。因为没有结尾的数列之和 $100+10+1+0.1+0.01+\cdots$ 不是无穷大。它实际上等于1000/9，正好是阿基里斯最终追上乌龟的那点。（值得注意的是，1000/9不能用有限位的小数表达：它是 111.111 … 的循环小数）。阿基里斯能在有限时间里完成无限多个步骤的原因是，每一个相继的步骤所需要的时间越来越小。二分悖论中的情况也是如此：每一半距离都是前一个距离的一半长，经过它也就需要前面时间的一半。如果我们把运动物体在有限时间内经过的有限长距离，分成无穷多个等长的部分，那么每个部分都是无穷小。所以，物体经过每个部分也就只需要无穷小的时间。

那么，我们不得不得出结论说，在已经考虑的情况中，芝诺没有揭示任何数学上的不可能性。我们有可能合理地解释，一个有限大的物体如何被分为无限多的非零部分，一个更快的物体如何能追上一个更慢的物体，和物体如何能真的经过有限长距离。但问题并没有结束，因为我们所考虑的三个悖论的出发点是空间和时间都是无限可分的。真正的哲学问题是：这为什么是可能的。为什么任意给定的空间或时间长度存在无穷多个部分？我们面临的困难正好和在前一章中遇到的一样，当时我们正在思考无限延伸的空间，并且这个困难也是一个概念上的困难。无穷序列的一个数学描述和构想这个描述的物理实现是两回事。另一方面，否定时间和空间是无限可分的又会怎么样呢？这就隐含着存在一个空间和时间的最小元，也就是说有个不可再分的最小量。可这还是会导致悖论（最后一节将进一步考查这一点）。

106　　　但是，如果亚里士多德是对的，我们真的可能鱼和熊掌兼得。我们可以说空间和时间真的是无限可分的，同时又不会得出空间和时间存在无限多个部分。我们可以借助于前一章中，亚里士多德所说的实无穷和潜无穷的区别。亚里士多德否认存在实无穷 —— 不管它是物体本身的数目，物体或者时间和空间的组成部分的数目。但是也许有潜无穷，这里可以解释为一些没有极限的过程。所以，我们取某个长度，然后把它两等分，每一半再两等分，等等。分割的过程没有一个自然的极限。（亚里士多德认为，对实际的物体来说这是对的，所以用它来反驳原子论。但我们可以把这个论断限制在空间的长度、面积和体积。）所以说一个长度是无限可分的就是这样，它不是已经包含着，而是等待着去发现无限多个组成部分。一旦它们被分割的行为所确定，这样的组成部分才会存在。但这个过程没有强加一个预先规定的极限。

　　亚里士多德的潜无穷的理论干净利落地让三个悖论投降了。部分和整体的悖论依赖于实际存在的无限多个的组成部分。亚里士多德简单地否定了存在这样一个由无限多个部分组成的集合。在分割木棒之前，没有组成部分存在，所以，没必要提出每个组成部分是多长的问题。二分悖论和阿基里斯悖论的答案是相同的：虽然我们可以在头脑里把一个物体的运动无限地划分为越来越小的部分，但这些部分并不真正存在，除非它们能以某些实际的方法标示出来。但是物体的运动不在于许多离散的步骤：它是光滑连续的。所以，从 A 运动到 B 物体不需要经过无穷多个的半个距离。可是假如我们要求阿基里斯标记出他经过的这些不同地点，比如在他到达 100 码的地方时打个喷嚏，110码时又打个喷嚏，111 码时也是这样，等等。这样他运动的组成部分不只是一个概念上的存在：它们肯定是真的存在，因为已经用这样一种方法把它们标示出来了，虽然方法有点古怪。那么，由于阿基里斯必须在他追上乌龟前打无数次的喷嚏，亚里士多德就会被迫承认在这种 107情况下阿基里斯追不上乌龟吗？

汤姆逊的灯

　　刚才的例子也许使我们想问，是否我们不能描述一个可以实现的由很多状态组成的实无穷，而不会被矛盾所纠缠。打喷嚏的阿基里斯也许看起来有些荒谬，因而让人觉得这不是个严肃的思考，但还有另外一个可能，是由后来成为麻省理工学院（Massachusetts Institute of Technology）哲学教授的汤姆逊（James Thomson）首先在1954年给出。我们考虑一盏开关由一个复杂的定时器控制的灯。实验开始时，灯是开着的，并且正好开一分钟。这一分钟结束时定时器把灯关闭，这样持续半分钟。之后，又把灯打开15秒，然后再关闭7.5秒，然后是开3.75秒。这样继续下去，灯开（关）了n秒后接着就把灯关（开）$n/2$秒。现在思考在两分钟结束时和灯的状态有关的两个问题：（i）灯一共开关了多少次？（ii）灯在这个时刻是开着还是关了？

　　第一个问题的答案是让人吃惊的。如果我们用不断增长着的时间值序列来表示灯的这些持续状态，那么我们就得到没有结尾的一个序列：60，30，15，7.5，3.75，1.85，… 换句话说，这个序列是无穷的，所以当两分钟结束时，这盏灯开关了无穷多次。现在，在这个实验中没有什么在数学上是不合理的。因为时间值组成的序列之和是有限的：它是逼近120秒，而不是正好到达。但是，谬论隐藏在这个实验的某个地方吗？

　　思考第二个问题：在两分钟结束的时候灯是开着还是关了？这时，看起来我们面临着一个矛盾，或者至少是非常反常的东西。这盏灯好像不可能是开着，因为灯每次开了一段时间之后接着就把灯关上一段时间，所以，开不是灯的最终状态。但同样的，它也不可能是关着的。因为灯每次被关了一段时间后就接着开一段时间，所以，关也不是灯的最终状态。我们的推理确实让我们得到一个无法接受的结论：灯既不是开着也不是关着。汤姆逊认为这才是这个例子中荒谬的真正所在。所以，甚至是汤姆逊本人也不相信这盏灯真的可能存在。

但是，我们不必赞同这个结论。我们注意到上面的那个序列60，30，15，7.5，… 之和不是正好等于120。换句话说这个序列之和是逼近2分钟，而不是恰好等于2分钟。用另外一种方式来说就是，2分钟结束的那一点不是定时器控制的序列中的成员。因而我们所说的过程中没有什么能让我们推断出2分钟结束那一点灯是什么状态。所以，我们不用被迫承认灯既不是开着也不是关着。准确地说，(ii) 的正确答案只不过是"我们无法预测"。

无疑一些人会指出（这有点无聊乏味），这个实验装置物理上实现不了。你不可能无穷多次开关一盏灯，而灯丝不烧断或者灯泡不爆炸。无论如何，在某个时刻灯的开关转换如此快以至电流没时间流过电路，从而灯将一直是关着。这种说法毫无价值。灯用在这里只是为了戏剧的效果，我们可以把注意力只集中在开关的状态上。一个稍微复杂点的反对观点是，如果我们设想一根机械的控制杆来回开和关，不久控制杆的运动速度就会达到光速，而没有什么东西的运动速度能超过光速。无论如何，即使物理上不允许这个实验，因而得不出这个结论，那也不会使这个故事存在矛盾或者不合逻辑。因为我们总是能够把这个实验放在一个物理定律非常不同的宇宙里。我们寻求的是某些迹象，以表明在这个故事里有一种逻辑上的不可能。到目前为止，我们没有发现一个。当然，还可以反驳说我们没有真正理解所说的实验，但这似乎也不是一个特别好的策略，我们毕竟比较详细地描述了它。我们没有理解透彻的是哪一部分的描述呢？

　　亚里士多德主张自然中不可能存在一个实无穷。但如果汤姆逊的灯中真的没有矛盾，那么我们不就发现了和亚里士多德的主张相反的例子吗？可以肯定的是，潜无穷不足以说明汤姆逊的灯发生的事情，因为两分钟的不同组成部分清楚地通过灯的状态标示出来。汤姆逊的灯好像是实无穷的一个实例：一个无穷的序列真的可以完成。那么是亚里士多德错了吗？未必如此。我猜想亚里士多德会说，像他所定义的那样，汤姆逊的灯不是实无穷的一个例子，因为实无穷是在同一个时刻存在的东西。因此，一个空间上无穷大的宇宙可以是实无穷的。但是，灯的状态序列是在时间上的延伸，而在任意一个时刻灯只能有一个状态，而不是无限多个状态。

　　这个答案是很令人失望的。这使我们有个特别的感觉，问题不是被解决了而是被避开了。毕竟，灯的这些状态真的不能实现吗？为什么无穷多个状态延伸在时间上而不是空间上，事情会有所不同呢？（这个问题不完全是一个反诘修辞的问题。实质性的一个回答和现在时刻的特殊地位有关：现在存在的才是真正的存在，因为过去和将来都不是真实的。我们将在下一章考查这个问题。）

　　下面还有一个更有趣的对汤姆逊灯的回应，虽然某些人也许发现它同样令人沮丧。有一种必然性不是逻辑或物理的，而是形而上学的。当我们说某些东西在形而上学上是必然的时候，不是指否定它会得到逻辑上的矛盾，也不是指肯定它需要满足自然规律，而是说从某种基本的意义上讲，事物不能是双体的。一个经常用来说明形而上学必然性的例子是事物的同一性。假如我们发现，以前一直认为是不同的物体的 A 和 B 实际上是同一个物体。比如，也许我们正好发现伯顿[1]，17世纪的畅销书《忧郁的剖析》(现在偶尔还在印)的作者，和自称为"小德谟克利特"的是同一个人。在一些哲学家看来，"伯顿是小德谟克利特"在形而上学上是必然的，虽然在句子"伯顿不是小德谟克利特"中找不到逻辑上的矛盾，并且也不是物理定律使得这两者没有区别。

那么，出于论证的目的，为了说明汤姆逊灯表现的是一种形而上学的不可能性(虽然它在逻辑上讲得通)，就完全需要承认形而上学必然性的概念。的确，亚里士多德的有限论的一个解释就是：实无穷在形而上学上是不可能的，虽然数学和逻辑上是可能的。这个回应比仅仅说至少汤姆逊灯在字面上符合亚里士多德的有限论更令人感兴趣。但这仍是个有缺陷的回答，除非遇到形而上学的必然性或不可能性时，我们能给出一些说明来解释我们是如何认识这些必然性或不可能性的。因为如果没有这样的一个说明，那么求助于形式上的这种必然性看起来是赢得任何辩论的很廉价的方法。

不管怎么说，亚里士多德的观点还有一个问题。他说只是在分割过程没有极限的意义上一个长度才是无限可分的。这种可分性和事先存在的等着被分割的无穷多个的组成部分无关。现在我们假定，当

---

1. 伯顿(Rober Burton, 1577 — 1640)，英国牧师和作家。笔名为 Democritus Junior，其作品《忧郁的剖析》(1621)是一部关于忧郁的起因、症状和治疗的论文。

他说分割的过程没有极限时，他不仅是指在思想中没有这种极限，而
111　且是指自然中也没有这种极限。长度本身（对亚里士多德是实际中的
物体，对我们是空间的体积）没有什么能阻止这个过程无穷继续下去。
这样说来，它一定能说明一些长度本身的东西，而它说明的东西不能
仅仅是否定的，例如说什么它不是由原子组成的。因为我们有权利问，
和长度有关的什么东西使得它能继续分割下去，是什么东西使得无限
分割有实现的可能。假设我们是空间的绝对主义者——也就是我们
认为空间就是空间（见第3章和第4章）——而且更进一步（也许我
们把它看做是绝对主义的一个结果）我们认为空间的点是真实的东西，
那么，如果空间是无限可分的，则任意的长度肯定包含实无穷多个数
目的点，而不管我们要不要通过一个分割的过程把它们标示出来。用
力场来代替绝对的空间，可以得到同样的想法，因为这些场也可以分
为不同的组成部分。如果没有这样一个实无穷的存在（或者空间的所
有点，或者场的所有组成部分），亚里士多德还有资格坚持空间是无
限可分的吗？

我们必须从这点脱身而继续探索其他关于可分的难题。

跃变的难题

站台上停了一辆列车。一开始所有东西都是静止的，然后，站长
挥动旗子，接着列车慢慢启动。这是一个非常熟悉的场景。但在这个
场景下隐藏着一个微妙的难题。我们在开始考虑这个问题之前，会很
自然地认为在列车开始运动前有一个静止的最后时刻和运动的最初
时刻。但如果时间是无限可分的，那么不可能既有一个静止的最后时

刻又有一个运动的最初的时刻。任意接近的两个时刻间的间隔总是可以继续分割，这可以用所谓的时间致密性（稠密）来表述：在任意两 [112] 个时刻间总是存在第三个时刻。然而，假如存在静止的最后一个时刻和运动的最初的时刻（图10），因为时间是稠密的，所以两个时刻间有第三个时刻。那么，第三个时刻是一个静止的时刻还是一个运动的时刻呢？如果是静止的，那么我们先前假定为最后的一个静止的时刻就不可能是最后一个，因为第三个时刻在它之后。如果是运动的，那么同样的原因，我们开始认为是最初的那个运动时刻也不是第一个，因为在它之前还有一个运动的时刻。

"最后一个静止时刻"　　　　　　　　"运动的最初时刻"

图10 从静止到运动的跃变

假设我们可以排除这种可能——这个时刻既不是静止的也不是运动的，则有这样的结果：如果存在最后一个静止时刻，那么就不会有第一个运动时刻；如果存在第一个运动时刻，那么就没有最后一个静止时刻。我们只能选择其中一个：一个最后的静止时刻或者一个最初的运动时刻，但这个选择显然是随意的。

（也许我们不该忽略第三种可能，即既没有一个静止的最后时刻也没有一个运动的最初时刻。这样挽回了两者的面子。不过，这个选择比前两个选择更不那么随意吗？）

我们的直觉认为应该有某种系统的、非随意的决定方式。但那是

什么呢？这里有个建议：首先，谈论一个运动的时刻是种误导，因为
如果假设一个时刻是没有长度的，那么在一个时刻里就没有什么物体
会运动。严格来讲，正确的说法是一个物体在一个时刻具有一个特定
113　的位置。（第9章讨论这个有争议的说法。）所以，更恰当的是说物体
从静止的位置移动到第一个位置时的那个时刻，而不是说运动的第一
个时刻。但没有这样的位置 —— 至少，如果空间也是稠密的，就没有。
并且如果假定时间是稠密的，而空间不是这样，这不免会让人觉得奇
怪。所以，我们假定空间任意两点间总是存在第三点，那么，思考这
列火车最前端的位置。为了简单点，我们考虑一个平面二维区域。当
火车启动时，前端到达一个不同的区域，但在这个区域和火车静止时
前端所在的区域之间有第三个区域（图11）。

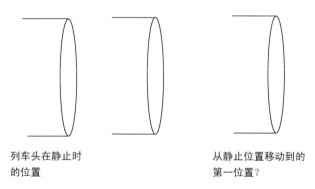

列车头在静止时　　　　　　　　　从静止位置移动到的
的位置　　　　　　　　　　　　　第一位置？

图11 运动的列车

　　所以，无论我们指定哪个位置作为"从静止位置移至的第一个位
置"，总是可以证明不是如此，因为始终有另外一个位置更靠近静止
位置。不过，谈论最后一个静止时刻是有意义的，因为这里谈及的是
火车某个部分的确定的空间位置，比如车头。但是没有第一个运动的
时刻，因为没有一个唯一的初始运动位置。

这个解决方法引起两个担心。第一个担心是，毕竟谈论某个时刻的运动是可以接受的。我们应该怀疑把这样的谈论斥之为不合理的观点。不管怎样，问题也许不是很严重。毕竟，即使允许谈论某个时刻[114]的运动，设想一个物体在不同的时刻占据依次的位置也是很有帮助的。并且上面的方法使我们有理由说：尽管可能存在物体正在运动的时刻，但不可能有一个时刻可以合理地作为运动的最初时刻。

第二个担心更有意义。运动只不过是变化的一种形式。有许多其他的变化：形状、大小、温度、物态、色调、亮度、音调、容积、化学成分，等等。这一节开始所描述的、从静止到运动的跃变时发生的难题，同样也在其他类型的变化中出现。比如，考虑一只刚从火炉上提下的水壶。存在水温为100℃的最后时刻和变冷的最初时刻吗？现在我们想到的解决这类问题的方法，就像运动中的问题一样，依赖于运动是稠密的，或者用一个更熟悉的术语——连续的，即物体的运动距离是无限可分的。（在稠密性和连续性间有个技术上的区别，但这里不管它。）看来这个方法也可以应用到其他类型的变化，如果这些变化也是连续的话。所以，如果在100℃以下不是只有一个温度（也就是说在任意给定的两个温度间始终有一个中间温度），我们也可以说有个水温等于100℃的最后时刻，但没有开始变冷的那个时刻。同样，如果音调的值是连续的话，我们可以说一个声音在某个给定的音调上有一个最后的时刻，但没有一个离开那个音调的最初时刻。但所有的变化都是连续的吗？也许有些变化，比如大小或形状上的变化是离散的：也就是说，沿着变化的方向任意给定的一个状态都有唯一的一个位置。比如，一些变化是以小的跳跃的方式进行，而不是平滑的方式。根据某些人的观点，从存在到不存在的过渡是一种离散的变化，

115 因为在存在和不存在之间没有中间态。比如，一个人可以是活着或死去。不过，我们没有理由偏爱一个存在的最后时刻而不是不存在的最后时刻，或者相反。

这个最新的困难有三种回答：(i) 如果空间和时间是稠密的（连续的），那么所有的变化都是这样；(ii) 如果一些变化是离散的，那么所有的变化都是，因而时间和空间也是 —— 我们将在最后一节考虑这种可能；(iii) 虽然某些变化看起来是离散的，但它们的实际状态是不能确定的。因此，在生和死之间还有一个中间态，即它只是不确定。（也就是说不知道事实真相，或者是我们无法知道事实是什么。）所谈及的生物是活着还是死了，就像色谱中不能确定哪里是黄色的结束和哪里是橙色的开始一样。

德谟克利特的锥

我们关于可分性的最后一个悖论是锥的悖论。第一个提出它的好像是德谟克利特（Democritus，生于公元前 460 年左右）。他被称为"发笑的哲学家"，也许是因为他提倡对幸福的追求是人生中合乎道德的目标。这个悖论虽然不像芝诺的悖论那么有名，但无疑也是一样的微妙和有趣。而且和二分及阿基里斯的悖论一样，承认数学上的解答并没有减少它在哲学上的益处和意义。

画一个光滑的圆锥体。现在设想把这个锥体水平切为两部分（图 12）。考虑切割后露出的两个面 a 和 b。这两面的面积是相等还是不相等呢？如果相等，那么锥体根本不是锥体而是一个圆柱，因为物体可以看成是一个个的面堆垒而成；而且如果相邻的面的面积相等，那么它的边不可能是斜的（图13）。

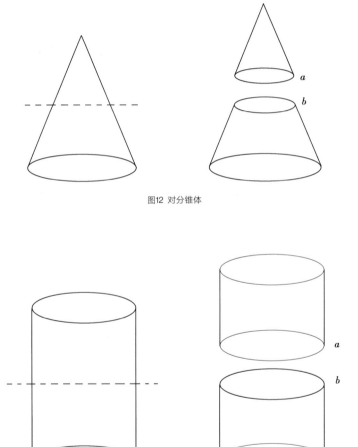

图12 对分锥体

图13 对分柱体

116　　　　但从另一方面说，如果 a 和 b 不同，那么它们的大小就不一样，并且这个锥体的斜面根本不可能是光滑的，而是阶梯状的（图14）。因为和前面一样，锥体也可以看做面的堆垒体，而且它的相邻面的面积之差不为零。所以，锥体必定是阶梯状，而且是由离散的单元组成的。当然，这个结论对原子论者来说是完全可以接受的（德谟克利特就是

117　一个原子论者）。因为他们相信物质真的由离散的不可分的基元，即原子（来自古希腊语 ατομοσ，意思是"不可分"）组成。但我们无须把这个实验限定为具体的客观物体，我们可以代而考虑一个锥形的空间体。所以，如果以上的推理是正确的，那么空间本身就由不可分的基元（称之为"空间原子"）组成。这确实是一个惊人的结论。所以，锥的悖论和我们已经讨论过的芝诺悖论是同一类型的：它们都表明无限可分的假定会导致无法接受的结论。

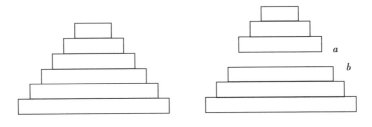

图14　阶梯状的锥

　　　　也许受芝诺部分和整体的悖论启发，有些人可能会质疑锥体实际上就是像盘子一样的东西堆起来的想法。因为他们会反驳，"如果每个盘子的厚度都为零，那么这些盘子又如何能堆成有任意高度的锥体呢？"可是很清楚，德谟克利特的难题不需要依赖于一个锥是由面组成的思想。关键之处是，如果真的有一个锥体，那么，我们所希望的是锥体的任意两个水平截面的面积是不相等的，不管这两个截面多么

接近。想想锥的悖论和跃变悖论之间的相似性也许能有所启发。我们说过因为时间是连续的，所以，如果火车有个最后的静止时刻，那么就不会有运动的最初时刻。因此，如果我们能把火车从静止状态过渡到运动状态的这段时间分成两段，一段是静止的，一段是运动的，那么，我们就会发现前一段有个确定的边界而后一段没有（图15）。运动的那段时间没有一个确定的边界是因为它没有一个唯一的开始时刻：无论我们把一个假定的最初时刻落在任意一个时刻，我们总是可以找到一个更早的运动时刻。

图15 没有最初的运动时刻

现在再次考虑锥体。我们自然假设，当锥体被分成两半的时候，有两个确定的平面露了出来。但我们凭什么这样假定呢？想一下没有被切分、但有一个确定的水平截面的锥体（图16）。把这个截面记为 p，那么，现在紧挨着 p 的上面有个截面吗？没有，如果空间是连续的话。因为无论我们取的是哪个截面，比如说 p'，在 p 和 p' 间肯定有第三个截面。现在让我们把锥体切开，使得下一半的顶面为 p。那么，上一半有一个确定的底面吗？没有，因为刚刚给出的原因。因为如果它有一个确定的底面，那么在没有切分的锥体中紧挨着 p 就会有个截面，而我们知道不会有。

这一点也许表明在持有空间无限可分观点的同时，也是可以解答德谟克利特的锥体问题。但是，想到实际的物体会有这样的行为还是让我们不满意。对亚里士多德和其他的反原子论者来说，物质是连续

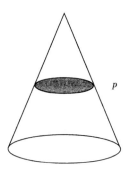

图16 没有切分的锥体

的, 所以, 德谟克利特的锥体只对他们来说才是个问题 —— 不仅是一个数学上的难题或者一个关于空间区域的问题, 而且还是一个关于具体物体的问题。设想把一个锥体浇铸成下面一半是铅而上面一半是黄金。亚里士多德肯定会说, 要是把它分成两半, 至少其中有一个是没有确定的边界的。而这无疑是很奇怪的。没有边界的这部分看起来像什么呢? 它看起来和有确定边界的那部分有什么不同吗? 用哪种方式? 反正德谟克利特的锥体至少告诉我们一点: 亚里士多德的物质连续的宇宙是个非常奇怪的宇宙。

空间和时间的原子

对这章里提到的所有悖论有一个很简单的解决方法, 虽然不能肯定有很多人愿意接受它。这个方法就是否定时间和空间是无限可分的: 分割的过程会有个极限, 最终达到一个最小的空间长度和时间长度, 而不能被继续分割成更小的量。进一步说, 就是在时间和空间的任意两点间不是永远都存在第三点: 这取决于两个点靠得有多近。每一个空间点的周围都只有确定的数目的其他点。而每一时刻都只有唯一的一个前续的时刻和一个后续时刻。简单地说，就是时间和空间是离散的。

　　除了这个描述比较奇特外，还有什么严重的概念上的问题吗？它好像没有明显的矛盾。但我们可以从它得出两个有趣的推论。设想空间中的四个相邻的点和两个物体A和B。它们都是一个单位长（这里一个单位就是单个空间点的长度）。A和B都正在经过这些点，并且A的速度是B的速度的两倍（图17）。现在，当A到达第二个点时，B在哪里呢？答案自然是点1和点2的中间。但如果我们假定空间是离散的，点1和点2间根本没有其他的位置。那么，B在哪里呢？答案肯定是：还在第一个点。甚至当A抵达第三个点时，它还在第一个点。只有当A抵达4时，B才运动到2。所以，离散的空间和时间的第一个推论是变化本身以跳跃的方式进行，也就是说它将从一个状态跃变到下一个状态，而不经过任何中间的状态，因为就没有中间状态。运动就像是电影中的一系列依次排列好的静止画面。运动的物体开始在这个时刻跑到这个位置，然后在那个时刻又跑到那个位置。我们想问的是"但它是如何从这里跑到那里而不穿过两者间的空间的呢？"答案也

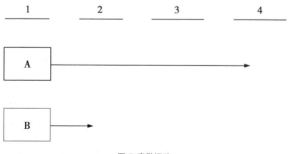

图17 离散运动

许是，在离散的空间中相邻的两点间就没有空间。

　　还有另一个难题。假设 d 为最小的长度 —— 单个的空间原子的长度。我们不可能把 d 分割下去得到一个更小的空间长度，而空间由原子组成。所以，任意物体的长度都可以用整数表示，即 d 的整数倍。现在考虑一个直角三角形，它的两条直边的长度都为 $5d$（图 18）。问题是：斜边的长度是多少？根据毕达哥拉斯定理，斜边的长度等于 $[(5d)^2+(5d)^2]$ 的平方根，即 $\sqrt{50}d$。但 $\sqrt{50}$ 不是一个整数，这在离散空间是不允许的。这说明离散空间的概念和基本的数学事实相矛盾，因而是不可能的吗？一点也不。毕达哥拉斯定理只有在欧氏几何中才是对的。但像第 4 章里所说的，我们不用被迫采用欧氏几何系统来描述真实的空间。所以，我们只能说，如果空间是离散的，那么它就不是欧氏的。

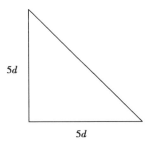

图18 毕达哥拉斯定理

问题

为什么我们会自然假定一段时间或一个空间区域可以无限分割？

起初静止的一艘宇宙飞船在某个时刻开始运动。1分钟后，它的速度增加一倍。30秒后，又增加一倍，同样15秒，7.5秒也增加一倍等等。假设在第一分钟它的速度是100英里/时。那么，开始运动两分钟后它的速度是多少？

如果空间的任意两点间始终存在第三点，那么一个东西能碰到另一个东西吗？

¹²² 第 8 章
时间会流逝吗？

> 你没有来，
>
> 而时光却沙沙地流去，使我发呆。
>
> —— 哈代（Thomas Hardy），《一次失约》

流逝之谜

如果要一个人挑出时间有别于空间的两个最特别的性质，他首先可能举出时间会流逝，其次可能说，现在所在的时刻在某种意义上是唯一的。这两个性质是紧密相关的，因为时间流逝的一个表征就是，现在所在的时间是始终在变化的。的确，这也许就是说时间过去了的含义。看着秒针在表盘上飞驶，人们能真切意识到时间接连不断地成为现在。比如，人们一知道现在是 3 点钟，赶忙喝完一杯茶，急匆匆去学校接孩子，然后好像时间马上就在一刻钟之后，家长已经挤满了学校的大门口似的，如此等等。就这样，时间无情地飞跑，生命的画面一张张掠过，而坟墓张着大嘴在前面等着我们。

嗯，还是让我们不要想得太远。也许我们有片刻时间冷静思考，来弄懂上面提到的两个性质的意义。既然我们可以用第二个性质来表述第一个，那么让我们从现在时刻唯一是什么意思开始。和空间对比一下是有帮助的。对空间来说，和"此刻"或"现在"等价的是"这里"。"这里"是唯一的吗？好的，在某种意义上它是，因为它指的是我所在的位置，而我只能在一个位置。所以，"这里"确实成功地挑出了一个地方。但我所在的地方实际上并没有什么特别之处。我可以跑到很多其他的地方，而人们也确实位于很多其他的、也称为"这里"的地方。我所在的地方只是其中的一个。假设周围没有人使用"这里"这个词，也就是说假如没有有感觉能力的生物，那么还有"这里"这个位置吗？这个问题的意思不是说我此刻所在位置的存在和我在不在有没有关系，而是说一个位置是"这里"是否独立于任何人的实际位置？绝大多数人回答不是。"这里"并不是位置的一个属性。一个位置恰如其分地被称为"这里"，要是用这个词的人就在这个位置上站着或坐着，或者做着其他什么事情。所以"这里"是和人联系在一起的，因而不同的人有不同的"这里"。"这里"不比其他的位置具有更多的哲学上意义，或者更实在。但是对时间来说，我们认为不是这样。也就是，我们自然而然地认为，即使没有任何有知觉能力的生物，某些时间也可以是"现在"。当然，没有人能跑到某个时间说这是"现在"，但是一个时间称为"现在"和有没有人在其中没有关系。"现在性"是时间独立于人类思想或语言的某种性质，并且只有一个"现在"。（为什么？我们将在最后一节考虑这个问题。）那就是实在可以划分为过去、现在和将来，现在是过去和将来的界线。虽然不同的时间可以接连成为现在，但每一时间成为现在后获得一个唯一的状态：它比其他时刻具有更特殊的意义（也许是更现实）。我们不会说"好的，这个时间对我们来说是现在，但是对其他人来说另外一些时间是现在。"我们可以用这种方式来表达时间和空间相对的差别："这里"是什么位置仅仅是个观察的问题，当某人称一个地方为"这里"时，他是从他自己的角度来描述这个世界；同样合理的是，这个位置对其他观察者来说不是"这里"而是"那里"。但什么时间是"现在"不是一个观察者的问题。当一个人说某个时刻是"现在"时，他正在描述的不单是自己眼里的这个世界，而且是此刻这个世界本身。同样正确的是，对任何其他人来说这个时刻也是"现在"。

这也许有助于解释我们如何思考"现在"，但还是有些不放心的地方。考虑这句话"只有一个时间是现在。"我们该如何理解这个"是"？可选的答案有：(i) 作为现在时的"是"，就是"现在是"，比如"你的茶是在桌子上"；(ii) 作为一个永恒的"是"，其含义不是事件现在正在且只在现在发生，而是在所有的时间都是如此，比如"空间在广延上是无限的"；(iii) 作为一个和时间无关的"是"，没有特指时间的那个位置，比如"9的平方根是3"。如果"只有一个时间是现在"中的"是"解读为 (i)，那么这个句子就等价于"只有一个时间现在正在成为现在"。这虽然是对的，但没有什么特别有用的东西，而和它对应的是关于空间的一句话"这里只有一个位置是这里"。如果这个"是"解读为 (ii)，即表示永恒，那么这句话是错误的，因为只有一个时刻永远保持在"现在"是不对的。如果我们把"是"解释为和时间无关，那么同样是错误的，因为哪个时刻成为"现在"是变化的。看来，在解释"只有一个时间是现在"如何表达了真实和正确的东西时也有点问题。我们将在最后一节回到这点。

假设我们能够克服这个担心而根据"现在"的行为来定义时间的流逝：时间的流逝就是，像有人提出的那样，"现在"在接连不断的时

间和事件里的穿行。这个说法可以用比喻来表示，其中，布罗德（C. [125]
D. Broad）做了一个特别生动的比喻：

> 我们可以把"现在"的移动想象成从警察的瞄准镜发出
> 的光斑。光斑扫过一条街上每栋房子的正面。正在被照着
> 的就是"现在"，已经被照过的就是"过去"，而还没有被
> 照到的就是"将来"。（*Broad* 1923, 59）

这当然是一个印象深刻的比喻。但它是令人满意的比喻，或者它实际
上有些误导吗？当然，不管如何合适，任何的比喻都有不足之处。但
思考这个比喻的不足之处，能帮助我们更为准确地描述时间的流逝。
有些人会说我们永远不能真正超出比喻，任何想用文字来描述时间流
逝的企图都将导致偏差，或者更糟糕。不过，我们至少可以乐观一点，
先假定我们已经抓住了关于时间流逝的、不依赖于具体比喻的某些
要点。

　　我们也许注意到这个比喻的第一个缺点：它是用一个时间的过
程 —— 光束的运动 —— 来表示时间的。时间（或者至少是它的某个
方面）能用时间来表示吗？所以，人们会怀疑这个比喻的有效性，因
为时间的流逝已经以非比喻的方式成为这个比喻的组成部分。我们必
须明白的是，"现在"被比喻成现在正在照亮的房子，而不是已经被
照亮或者将要被照亮的房子。第二个缺点是根据定义，扫过房子要花
费时间，也就意味着它们可以快一点（花的时间少一点），或者慢一
点（花的时间多一点）。但可以肯定的是，时间的流逝不是可以快一
点或慢一点的东西，因为我们测量某些量的变化率，是根据变化花了

多长时间。于是我们可以说运动着的"现在"从 4 点运动到 4 点 05 分花了 5 分钟。但它这样做不会花更多或更少的时间，因为 5 分钟是它自己通过正在进行的运动得出来的。因而时间流逝的速率是不变的。不过，为什么要称它为一个速率呢？是不是在一开始认为时间的流逝是某种运动时，就已经隐藏了某种错误呢？

126

值得注意的第三个缺点是，"将来"被比喻为已经在那里正等着被照亮的房子。我们是如何看见将来的呢？我们能够设想将来会发生的事件已经存在，并等着它们来到"现在"吗？也许可以，但根本不清楚我们为什么一定要这样设想。有些人认为将来的事件根本不存在：从任何意义上讲它们都不在那里。只有当它们成为"现在"的时候它们才存在。持有这种观点的人会认为布罗德的比喻中房子太多了。

然而，还有另一个问题也许和第三点有关，就是我们可以想象光束可以往两个方向移动。我们可以说它是从左移到右。但它也同样可以从右移到左。房子的顺序不受光束移动方向的影响，所以，有些房子是位于其他房子的右边而不管光束是否首先照到它们。但时间不是如此。有些事件早于其他发生是因为它们更先成为"现在"。假如博罗季诺会战在奥斯特利茨战役成为"现在"之前就成为了"现在"，那么说奥斯特利茨战役还是比博罗季诺会战更早就根本没什么意义。[1]这个比喻中时间的流动好像和时间的顺序脱了钩，而原因在于比喻中用了两种方式来表示时间。一方面我们用房子的排列表示以时间顺

---

1. 奥斯特利茨战役（Battle of Austerlitz）1805 年 12 月 2 日，俄奥联军同法军在奥斯特利茨（现为捷克斯洛伐克共和国的斯拉夫科夫城）地域进行的一次决战。
博罗季诺会战（Battle of Borodino）俄法两军于 1812 年 9 月 7 日在莫斯科以西 124 千米的博罗季诺村附近进行的一次重大会战。

序排列的事件，但另一方面我们又用移动的光来表示变化的"现在"。所以，我们想问的是：这个比喻中时间表示成什么呢？它是房子的顺序呢，还是移动的光束呢？可以肯定的是，不可能两者都是。

让我们尝试修正布罗德的比喻来解决第三个问题。假设现在我们说，光束的右边没有房子（假定光束从左移到右）。就在光束扫到那个区域的时候，这些房子就突然露出来了。这表示还没存在的"将来"和事件就在它们成为"现在"的时候变为存在。成为"现在"的那个瞬间就是突然存在的那个瞬间。这对其他问题有所帮助吗？好的，现在是房子的排列和光束的运动相关。它们排列的顺序由光束决定。如果光束是从右移到左，在其他房子右边的房子将是更晚的房子。但第一个担心还是存在，我们仍然不得不把"现在"理解为现在正在被照亮的房子。但因为时间的流逝是个动态的过程，所以，如果它只能用一个动态的比喻来表示，也许也没什么奇怪的地方。

可以论证的是时间的流逝正是使时间成为时间的东西：时间的流逝是时间不可或缺的东西。但如果这是对的，我们通常的关于时间的观念就会走向麻烦。

麦克塔格特对时间非实在的证明

1891年，一位25岁的名叫麦克塔格特[1]的年轻人被选为剑桥三一学院的一名研究员。有点奇怪的是，他在学校一直不出名，可能是因

---

1. 麦克塔格特（John McTaggart Ellis McTaggart，1866 — 1925），英国哲学家，新黑格尔主义者，人格唯心主义的代表，长期在剑桥任教。

为他是无神论者和反君主制度者。这些思想好像根源于他的小时候。据说他6岁的时候就对一位叔叔宣称他不相信人死之后的东西。他小时候走路有点特别，挨着路边走，可能是因为恐旷症以及经常挨打，脊骨也有点弯曲。村子里的其他小孩，因为他奇怪的走路方式和喜爱自言自语，觉得他有些吓人，也有些好玩。他们简单地叫他"疯子"。但在剑桥，他对比他年轻的现在很出名的罗素（Bertrand Russell，1872 — 1970）和摩尔[1]有着持续而深远的影响。麦克塔格特会邀请他认为在智力上有发展前途的研究生和年轻的指导教师共进早餐，用餐时他会和他们共享他的看法。据罗素后来回忆，他的早餐因吃的东西很少而出名，所以最好是自己带东西去吃。

麦克塔格特和摩尔的第一次会面是在1893年。两人都被罗素邀请去喝茶。在交谈过程中，麦克塔格特提出了时间不是实在的观点（那个时候已经很有名了）。大概麦克塔格特提出了一个摩尔后来称之为"完全荒谬的观点"。然而直到1908年，麦克塔格特关于时间的非实在性的证明才付印出版。虽然这是一个使他现在出名的观点，但是很可能他有不止一个理由认为时间是非实在的，而其中的某些理由和受黑格尔（G. W. F. Hegel，1770 — 1831）影响的一个特别的有争议的思想体系紧紧地拴在一起。1908年的观点使人有兴趣的地方，也许是它为许多哲学家所热烈讨论的部分原因，在于它所做的假定没有太多的形而上学背景。

麦克塔格特从区分我们给时间中的事件排序的两种方式开始。第

---

1. 摩尔（G. E. Moore，1873 — 1958），英国哲学家，日常语言分析哲学和新实在主义代表之一，1911年起在剑桥三一学院任教。

一种他称之为A-序列（图19），是把事件的顺序定为从遥远的过去，经过最近的过去，再经过现在、最近的将来直到遥远的将来。一个事件在A-序列中的位置是始终在变化的：它首先是将来，然后是现在，最后是过去。一旦它经过了现在，它就永续向过去后退得越来越远（如果时间没有结尾的话）。

图19 A-序列

排列事件的第二种方式，他称为B-序列（图20）。这种方式通过两种关系来排序：早于和同时。事件在B-序列中的位置不会变化：如 [129] 果某个时刻A早于C，那么在所有的时刻A都是早于C。

图20 B-序列

我们现在可以区分时间的这两种表示方式：A-序列方式和B-序列方式。A方式可以帮助事件在A-序列中定位。比如这样的说法："参观博物馆是在*明天*"，"她马上要到车站*去*"，"我们最后一次见面是在*10年前*"。B方式可以帮助事件在B-序列中定位。比如这样的说法："1999年8月11日*那天*发生日全食"，"质子通过加速器和指针的偏转是同时发生的"。英语中一般的句子绝大多数都是A方式。因为任何动词都是有时态的，即它的曲折变化指明了在 A- 序列中的位置："伊妮德正在跳舞"，"埃里克想要说话"，"弗兰克过去的表演有点怪异"，"赫尔迈厄尼让观众大吃了一惊"，"杰夫不久将来这里"。当哲学家想用没有时态的表达方式时，即不想指明在 A- 序列中的位置时，他们经常诉诸于人为的表达方式，虽然有些模糊。比如"1918 年 9 月 11 日停战（无时态）"，或"太阳离地球 8 光分"[1]。虽然这样的表达有些笨拙，但是它们在哲学的讨论中无疑是非常有用的。下面的动词表示这种无时态的表达方式。

在评论布罗德关于时间流逝的比喻时，我们说过它用了两种东西来表示时间：房子的次序和光束的运动。但现在我们有了麦克塔格特对 A- 序列和 B- 序列的区分，也许在比喻中这一点不是缺陷。因为即使时间只有一个，它好像也有分别被 A 方式和 B 方式捕捉到的两个方面。因此，房子的次序不会改变，可以说是表示为 B- 序列。而光束的运动表示的是 A- 序列中变化的位置。可是，把 A- 序列和 B- 序列看成是两种分开的东西还是有些古怪的地方。无可否认，我们这里有两种不同的表达方式，但世界上确实只有一种东西和它们对应。解决问题的一个方法是认为 A 方式和 B 方式是逻辑相关的，其中的一种方式的表达隐含着另一种方式的表达的对错。更进一步，如果 A- 序列和 B- 序列间存在逻辑关系，那么我们应该能够问：那一种方式更基本？这两种方式中的哪一种描述了关于实在的更为基本的事实？麦克塔格特自己的回答是，如果有一种比另一种更基本，那么肯定是 A 方式更基本。他的部分理由是变化只有在 A- 序列中才是可理解的 —— 我

---

1. 英语句子中的动词都具有过去、现在或将来时态。但作者这里为了表示非 A 序列的陈述，设定了一种没有时态的句子。

们将在这章的后面考察这点。还有另一个想法。设想一位虚拟的全能的先知知道历史上每个事件在B-序列中的位置。这位先知知道某次战役发生在某个皇帝加冕之前，而加冕又发生在某次革命之前，等等。那么，这位先知因为拥有这样的知识就可以知道哪个历史事件在现在吗？换句话说这位先知知道什么时间是现在吗？答案很肯定，不知道。只从B-序列的信息，无论它是如何完整，也不可能推断出像"革命现在结束了"这类的A-序列的信息。（但是它有可能推断出有限的A-序列的信息。比如从"x发生在y之前"我们可以推出"如果y是现在，那么x是过去"。但这是否是真实的A-序列的信息还有争议。）而 [131] 这正是人们想从B-序列的事件位置不变而A-序列的事件位置会改变的事实中得到的信息。一个不变的事实的集合，不可能隐含着一个某个时刻是这样，而其他时刻不是这样的事实的集合。但现在，让我们代而假设先知拥有事件在A-序列中的位置的全部知识——换句话说，知道哪个事件是现在，哪个是过去或将来，并且这些事件是在多远的过去或将来。那么，这位先知借助于A-序列的完整知识能够推断出事件在B-序列中的位置吗？完全可以。从这些事实：法国革命发生在不久的过去，诺曼底人对英格兰的征服在很远的过去，美国国内战争是在现在，以及第一次世界大战在将来，这位先知可以得出诺曼底征服早于法国革命，而法国革命早于美国国内战争，而美国国内战争又早于第一次世界大战。B-序列的事实可以从A-序列中得到，但反过来好像不行。显然这可以推出A-序列更基本。

但是有个问题。根据麦克塔格特，A-序列不能存在，因为它包含一个矛盾。这个矛盾的引起是因为两个涉及A-序列本质的命题互不相容。第一个命题是不同的A-序列位置是不相容的：如果一个事件是现在,那它就不可能是过去或者将来。第二个命题是,假定时间一直在流逝,那么每个事件必须经过A-序列中的所有位置。如果A-序列存在,这两个命题肯定都是对的。但因为彼此不相容,所以它们不可能同时为真。因而A-序列不存在,确实也不可能存在。完整的论证如下:

> 麦克塔格特对时间非实在的证明:
>
> 1.如果时间是实在的,那么存在一个A-序列(A-序列是最基本的时间序列);
>
> 2.A-序列中的不同位置是互不相容的,所以一个事件的位置不能多于一个;
>
> 3.如果存在一个A-序列,那么所有事件都走遍A-序列的所有位置,因为事件在A-序列的位置是变化的;
>
> 所以:
>
> 4.如果存在一个A-序列,那么任意一个事件既只能有一个位置同时又可以有所有的位置。但这是荒谬的;
>
> 所以:
>
> 5.没有A-序列;
>
> 所以:
>
> 6.时间是非实在的。

132

第一眼看上去好像前提2或者前提3被随意曲解了。前提2中讲A-序列中不同的位置是不相容的意思是指没有事件可以同时拥有多于一个的位置。而前提3中所有的事件拥有所有的位置的意思是指事件可以依次地拥有这些不同的位置:一个事件首先是在将来,然后是现在,最后是过去。所以，如果我们把前提2的意思误解为事件不能顺次地拥有不同的位置，或者把前提3误解为所有的事件同时拥有所有的位置，我们好像只能得到一个矛盾。

假如我们采用前提3的最自然的解读，并且说一个事件，比方简姨妈来做客，依次拥有不同的A-序列的位置。这实际是什么意思呢？"依次"毫无疑问是指"在不同的时间"。所以，一个事件在某个时间是在将来，另一个时间是在现在，又另一个时间是在过去。但我们如何表示这些时间呢？我们有两个选择：我们可以用A-序列，或者B-序列表示。（我们这里假定没有其他的时间表示方式，或者至少没有那种在这里可以帮助我们的方式，因为我们需要的只是表示次序。）假设我们用B方式来表示它们，就得到下面的表示：

> 简姨妈的做客：在1837年8月30日（星期一）是遥远的将来
>
> 在1962年4月8日（星期日）是最近的将来
>
> 在1962年4月9日（星期一）是现在
>
> 在1962年4月17日（星期二）是最近的过去
>
> 在2099年7月4日（星期五）是遥远的过去

我们这里当然避免了矛盾，因为在1837年8月30日星期三是遥远的 [133] 将来，和在2099年7月4日星期五是遥远的过去的，是完全相容的。

但通过把 A- 序列的位置（斜体）相对应于 B- 序列的位置（下画线）
我们避免了矛盾，而且通过这样的方法我们实际上去掉了 A- 序列的
位置，所剩下的只是一列纯粹 B- 序列的表示，没有包含任何 A- 序列
的信息。我们可以通过下面的论证来表明这点：如果上面的表示是真
实的 A- 序列的表示，那么它们应该表示的是事物的变化状态，并且
应该可以推出哪个时刻是现在。但它们没有表示出事物的变化状态。
如果简姨妈来做客是出现在 1962 年 4 月 9 日，那么对所有的时间来说，
这个事件在那一天都是现在。这个表示实际上只是传达了简姨妈来做
客发生在 1962 年 4 月 9 日星期一。并且通过研究这些和她做客有关的
陈述，我们不知道简姨妈是仍在这里，还是下周还会来，或者是已经
离开这个世界很久了。

所以，如果我们希望保留 A- 序列的真实性，聪明的做法是把"事
件顺次地拥有不同的 A- 序列的位置"解释为"事件在不同的 A- 序列
时刻拥有不同的 A- 序列位置"。我们现在得到下面的东西：

简姨妈的做客：**在遥远的过去**是遥远的将来
　　　　　　　在最近的过去是最近的将来
　　　　　　　在现在是现在
　　　　　　　在最近的将来是最近的过去
　　　　　　　在遥远的将来是遥远的过去

矛盾又一次避免了。并且这次没有牺牲 A- 序列。我们所做的就是用
第二顺序的 A- 序列的表示（黑体）来修饰 A- 序列的表示。这些都是
真实的 A- 序列的表示，因为随着时间的流逝它们不再为真。我们也

可以推出简姨妈现在正在这里。但不幸的是，我们关于简姨妈做客
的描述是不完整的：它只抓住了事件的现在状态。可时间包含的不 [134]
仅是现在时刻，它还包含过去。有些人会说还包含将来，但这也许更
有争议。毕竟，当我们正在讨论布罗德的比喻时，我们认为应该没有
将被照亮的房子，因为这在某种意义上就隐含着"将来"的存在。所
以，就让我们说将来是不真实的，并且我们不用在我们关于实在的描
述中加进任何对将来事实的引用。然而，过去的实在性是不由我们不
信的。我们无须费尽脑筋去回忆刚刚发生什么，只需稍作努力便能回
忆不久前发生了什么。我们周围都是多年前甚至是几个世纪前的遗
迹。我在漫游一座城堡的废墟，参观博物馆，浏览相册或者查看树桩
上的年轮时能不感受到过去是真实的吗？好的，就让我们说过去是真
实的——就和现在一样真实，它只是没有发生在我们现在所在的时
刻。这就可以推出过去的事实是真实的。它们是些什么样的事实呢？
好的，如果知道"简姨妈做客在现在时刻是现在"是一个现在的事实，
那么马上可以得出"她做客在过去时刻是将来"也是一个现在的事实。
而"她做客在现在时刻是将来"是一个过去的事实。所以，相应的关
于过去事实的集合是：

> *简姨妈的做客*：在遥远的过去是*遥远的将来*
>
> 在现在是*最近的将来*
>
> 在最近的将来是*现在*
>
> 在不久的将来是*最近的过去*
>
> 在遥远的将来是*遥远的过去*

这列事实是完全一致的，但是它和前一列事实——现在的事实——

是完全矛盾的。所以，用第二顺序的A-序列来表示第一顺序的A-序列终究还是没能避免矛盾。

同样的，考虑和空间的类比也是有益的。假设我们把"这里"看成是附加在空间位置上的东西，而不管有没有人在里面。也就是，假设一个位置是不是"这里"不只是一个人空间观察的事情，那么就有一个问题。因为"这里"不只限于一个位置：我可以正确判断我正站着的地方是"这里"，你也正确判断你正在站着的地方同样是"这里"。但你和我并没有站在同一个位置，所以，你会（也是正确的）判断我站着的位置是"那里"，我也会（也是正确的）判断你站着的位置是"那里"。于是这两个不同的位置每一个都是"这里"和"那里"：这不是矛盾吗？如果是矛盾，有人也许会问，为什么麦克塔格特不基于这个矛盾同样论证空间的非实在性呢？他没有这样做的原因和不存在矛盾的严重威胁的原因，当然是"这里"和"那里"明显是可观察的。一个位置是"这里"依赖于某个人的位置，或者空间的观察。我们根据一些事物和其他事物的距离关系，能得到这些事物在空间中的全部位置——用前面的术语来说就是一个我们可以称之为"空间的B-序列"的序列，因为位置间的关系并不随某个人的空间位置而改变。时间中和这对应的策略是把A-序列的位置对应为B-序列的位置，但我们不想采取这个路线（至少没有更深入的想法）。其准确的原因是它需要我们放弃时间具有的独特的性质，也就是区分时间和空间的东西，即"现在"不像"这里"，它不是可观察的。我们想说的是，一个事件是彻头彻尾的现在，而不仅是相对某个时间或某人对时间的观察来说是现在。但这正是导致矛盾之处，那我们该怎么办呢？

第一个回应：现在主义

　　因为在我们引入过去的事实的地方正好就是矛盾隐现的地方，所以第一个直接而又激进的回应就是，不要引入过去的事实。换句话说，我们只是否定过去的实在性，并拒绝承认过去的事实。唯一存在的事实是现在的事实，并且只由现在的事实组成的列表不会包含矛盾。这不需要放弃任何使用过去时态的语句，因为我们说简姨妈的做客在过去某个时刻是将来的时候，我们没有暗指一个过去的事实（先抛开表面上的意义），而是表示一个相当复杂的现在的事实。这是因为简姨妈的做客发生在现在才造成这个事件对过去时刻来说是将来。这种把实在限制在现在时刻的观点被称为现在主义。现在主义也许是我们对时间的直观看法。因为如同我们假设将来还不是实在一样，一个自然的方法就是认为过去不再是实在。在某种意义上，不是说过去的事件好像布罗德的已经被照亮的房子一样还在那里，而是它们的状态遭受了极大的损失。但是，即使现在主义是我们的直观看法，或者是它的一个稍微更准确的提法，仍然存在两个问题：首先，说过去（或将来）不是实在的准确含义是什么呢？其次，如果过去不是实在，那什么东西使得我们涉及过去的陈述、信念或记忆为真呢？

　　说某种东西不是实在是指什么呢？我们在谈论某个事物是不实在的时候，也许有两种很不相同的意思。首先思考一位完全虚构的人物的情况，比如赫得斯通（狄更斯的《我们共同的朋友》）。虽然我们可以真的谈及有关他的一些情况，比如他是一位校长，又如无论他什么时候想到雷伊波恩和荷克丝哈姆的来往，他都会被仇恨和妒忌吞噬。但赫得斯通在现实中并不存在。实际中没有这样的人符合（我们

¹³⁶

有信心）狄更斯笔下的赫得斯通。不过，我们可以在承认他的非实在的同时，谈论些我们认为是关于他的事实。这并不自相矛盾，因为可以合理地争论说，这些话只是略去了"在小说《我们共同的朋友》中它是真的……"或者"它是编造的事实……"但现在思考另一个很

137 不相同的情形 —— 一种德谟克利特提出的说法："我们感觉到的是甜、苦、热、冷和颜色，但在实在中只有原子和虚空"（*Kirk*，*Raven*，*and Schofield 1983*，410）。像颜色、冷暖和酸甜这样的属性不能被斥之为虚构的。但是，解释我们观察到这个世界具有这些属性的是原子在虚空中的行为：这是最低级别的实在。观察到的属性和事物的基本属性之间的区别被后来的哲学家又翻了出来，比如笛卡儿和洛克（John Locke，1632—1704）。我们表述这种区别的一个方法是：包含颜色（或者冷暖，酸甜等）这类词的陈述可以是真的，但使得这些陈述为真的不是关于颜色的事实，而是物体的原子结构产生了颜色的事实。在这个意义上，颜色不是"真实的"，而这和赫得斯通不是真实的意义非常不同。"我的小汽车是亮黄色"如果是真的，不用限定修饰也是真的。它不是"我的小汽车是嫩黄色是个编造的事实"的略写（至少在通常的情况下）。

所以，让我们回到过去是不真实的问题。我怀疑是否有很多人认同这个观点，即过去因为是一种虚构所以是不真实的，但并不是我的所有记忆都是我空想的结果。这就剩下第二种意义：关于过去的陈述是真的，它们不用限定也确实是真的，但使它们为真的不是过去的事实。因为如果过去不是实在，那么根本就没有过去的事实，即真实的过去点滴，使得它们是真的。那是什么使得关于过去的陈述，比如拉思伯恩上校在温室里遭枪击，为真的呢？大概是属于现实的某些东西。

而且既然现在主义者把实在限制为现在发生的东西，那么使得有关过去的陈述为真的必定是现在的事实。那现在的事实又是什么呢？只是简单地说"现在的事实就是拉思伯恩上校在温室里遭到枪击"，是在回避这个问题。因为这或者是非法地引用了过去的事实，或者只是简单地复述了一遍正好需要解释的东西，即关于拉思伯恩上校的事实。我们还可以求助于什么呢？是的，过去给现在留下了些痕迹：灭绝了 [138]很久的生物留下的化石，远古的文明留下了城堡、金字塔、坟墓和寺庙之类的遗迹，依旧留在我们记忆里的三个夏天前发生的事情。在上校的这个例子里，我们可能指的是地砖上的血迹，穿过喷壶的弹孔，刻在仙人掌上的谜一般的标记。通过这些我们推测上校很英勇，努力想告诉我们谁是暗杀他的人。从理论上说，现在事实的全体导致的是过去事实的完整集合：给定此时是什么事情，那么彼时的某某事情一定也是这个事情。但现在的事实一定会导致过去的什么事实吗？假如说历史有很多种方式演变到我们现在所在的这一点。这极大地折射出我们倾向于思考单个事件：这个爆炸，或者至少这类爆炸，可能是被闪电激起的，或者被化学泄漏，或者是电流短路，或者……在这个描述中，许多不同的过去的事实和世界现在的事件是相容的（图21）。如果这是正确的描述，现在主义，至少像我们所描绘的那样，是有麻烦的。因为假如有任意多的过去和现在的事件相容，而且只有现在的事件才可以判断关于过去的陈述的对错，那么过去的陈述既不是对的又不是错的。正如我们指出的那样，现在是什么样不足以说明过去是什么样。所以，为了确保我们对过去所说的每一个陈述都有一个确定的真假值（即确保每一个陈述或者是真或者是假），现在主义者需要假定只有一个过去和世界现在的事件相对应：只有一个历史过程可能 [139]通向现在这点。

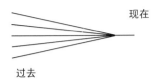

图21 有着多种可能的过去

　　我们描述了现在主义者为了决定过去陈述的真假所必须依赖的途径。它是用因果的途径来连接不同时刻的事件或状态。但现在主义者能清晰地说出这个途径吗？这是一个要紧的问题。因为为了能揭示这个途径，现在主义者必须能够做出关于这种途径为真的陈述，这个陈述不能破坏他所做的假设，但这正是现在主义者混乱的地方。考虑陈述"过去在现在留下了因果的痕迹"。根据现在主义的观点，使这个陈述为真的是什么呢？大概是现在的事实吧。因为只有这种事实才是有效的。但是，什么样的纯现在的事实能使得有关不同时刻间的因果联系的一个陈述为真？我们能够说清过去的一个事件在现在留下的因果的痕迹（昨晚的疯狂派对在我的起居室到处都留下了痕迹，比如：打碎的酒瓶，钢琴上的鞋印，散乱地丢在沙发上的内衣裤）。但是，我们能够说清派对和它给现在留下的现在痕迹之间的因果联系吗？这是一个很奇怪的想法。任何关于不同时刻间的（或者发生在这些时刻的不同事件）关系的陈述需要我们，至少在理论上，处在这些时间之外，并且平等看待它们。如果联系的双方有一方被认为不是实在的一部分，就不会有这种联系。那么，看来现在主义者似乎没有权利假定，依据现在事实这个唯一的机制能说明关于过去的陈述是真的。

　　有人会说我们给现在主义者兜售了一些他们不必接受的东西。为什么他们必须用现在的事实来解释关于过去的陈述是否为真呢？为什么他们不能简单地说某某事情就是这样呢？好的，就算他们能，但 ¹⁴⁰当他们否定过去的实在性时他们所说的是什么意思就不清楚，除非这只等于说了个微不足道的事实——过去不是现在存在的一部分。无论如何，如果现在主义是和因果联系的直觉观点不相容的话，即使允许过去的陈述为真的这种机制不牵涉不同时刻间的因果联系，它仍然是一个令人遗憾的结果。这种因果联系确实连接起发生在不同时刻的事件。但正如我们上面指出的那样，过去和现在间的因果联系好像要求过去和现在一样真实。

　　至少这些担心，已经足以让我们明智地考虑另一个对麦克塔格特观点的回应。

第二个回应：B-理论

　　麦克塔格特观点的一个前提是A-序列比B-序列更基本。换个方式说就是，因为可以获得A-序列，所以也可以获得B-序列。再换个方式说就是，在某种意义上B-序列并不存在，至少作为一个独立的序列来说是不存在的，但借助A-序列的事实可以判断B-序列中的陈述是真的。因此，如果在某个特定的场合a是在现在和b是在现在都是真的事实，那么a和b同时的陈述也是真的。但是让我们看看，如果拒绝这个前提将会发生什么。或者更准确地说，不仅是拒绝它，而且还要把它颠倒过来。换句话说就是，如果只有一个B-*序列*，事件只有B-序列的位置，并且也只有B-序列的事实，又会怎么样呢？让我们把这个思想称为"B-宇宙"假想，并称持这种思想的人为"B-理论者"。（类似的，包含一个A-序列的宇宙称为"A-宇宙"，它的支持者称为"A-理论者"。）

否认A-序列的实在性转而肯定B-序列的实在性的一个好处是，我们可以很简单地解决麦克塔格特的矛盾。事件不再由绝对的过去、现在或将来来限定，而是相对于B-序列中的某个可指明的时刻来说是过去、现在或将来。所以，简姨妈的来访不能简单说成是现在，而应该说对1962年4月9日来说是现在（这也说明了它发生在1962年4月9日）。并且也不能简单说成是过去，而应该说对于1962年4月17日来说是过去（这也说明了它发生在1962年4月17日之前）。所以，所有的事件在这种非常直观的意义上标明了所有的A-序列的位置。另一方面也表明了它们的位置不相容只是因为参考了不同的B-序列位置。但在我们采纳这个方案之前还需要克服难以逾越的障碍。首先，我们如何在B-宇宙中判断A-序列中陈述的真假？因为确实无法接受像"邮件刚到不久"这样没有什么害处的陈述不能为真，仅仅是由于现在的时刻没有这样的事情。考虑到以前所说的，甚至一位拥有全部B-序列事实的先知也不可能推出现在是什么时间。那么，A-序列的事实如何从B-序列中推出也不是显而易见的。第二，因为时间的流逝需要一个A-序列（因为时间的流逝正是A-序列事实的变化），所以可以推出B-宇宙中的时间没有流逝。这样看来，我们不可能生存在一个B-宇宙，因为没有什么日常的经验能比时间的流逝更显而易见。第三点很有关系，B-宇宙中的事物是如何变化的呢？因为可以确信的是，如果时间本身没有运动以致事物早些时候的状态被晚一点的状态所取代，就没有什么事物会变化，比如说变得更冷，更大，更稀疏，或者走来走去。

在回答第一点时我们可以指出的是，不知道现在是什么时间不代表全能先知的知识有缺陷。因为在B-宇宙中没有时间是现在：这肯定是一个A-序列的事实，因而B-宇宙里没有这样的事实。但我们要说的不只是这一点。因为，每天都会产生无数多个陈述讨论正在发生的事情，何况还有没说出来的想法，如果说这些陈述没有一个是真的，那确实有点荒谬。B-理论者会这样说。有两点决定了像"现在可以看 [142] 见流星雨"这样的陈述是真还是假：第一，这个正被谈论的事件发生在B-序列的什么时间；第二，这个陈述是在B-序列的什么时候做出的。所以，让我们假设在2001年11月15日可以看见流星雨（从地球表面的某一点）；并且让我们进一步假设这个陈述也是在2001年11月15日做出的。那么，这个陈述为真。再举另一个例子，假如我们在1918年后的某个时间说"第一次世界大战结束了"。因为第一次世界大战在1918年结束，所以我们说的是真的。对A-序列陈述的真假的解释正和"这里埋了财宝"这样最自然的陈述一样。如果财宝被埋在X处（通常是标记在一张地图上），并且我们就在X处做出这个陈述，我们的陈述就为真。所以，不需要特殊的"这里"的属性来得到这些陈述的真假。我们前面已经注意到，什么位置被正确地说成是"这里"依赖于我们所在的位置：它只是反映了我们在空间中的观察点。同样对B-理论者来说，什么时间或事件能正确地说成"现在"依赖于我们 [143] 在时间中的位置：它只是反映了我们在时间中的观察点。

但现在引起一个棘手的问题：在B-宇宙中是什么决定了我的观察点？因为虽然我能够在空间中无拘无束地走来走去，从而可以决定我的空间视点，但我选择不了我在时间中的位置。我之外的某个东西把我放在某个时间。此外，我处在什么时间是个变化的东西，而且我对此也无能为力。所以，这就说明了第二和第三点。因为有个时间上的视点是我们对时间的经验中的一个基本方面。我们不得不有个时间视点以及它一直在变化的事实，好像只有生活在一个A-宇宙（即有一个真正的A-序列的宇宙）里才是说得通的。因为很难抵制这样的想法，即我们占有这个时间视点是因为我们必然位于现在的时刻，并且我们的视点也随着现在的移动而移动。这也许是B-理论者最难处理的问题。这也引发了我们以人的身份穿过时间的棘手问题。（这个问题我们会在综述中再次提到。）

但是，对于第三个问题我们可以做些解释。B-宇宙中的变化正是这样的事实，物体在不同的时间有不同的属性。因此，我的身高在2001年是6英尺，而在1966只有3英尺。相反，在A-宇宙中我的身高的变化是某种经历着变化的东西：它首先是在现在，然后过去得越来越远。但B-宇宙里的人或者会问为什么变化本身一定也得是变化？这样只可能有一种变化，即属性随着时间的变化。但要使这可行，一个物体就必须首先有某个属性，然后在后一时刻有另外一个属性。而且我们已经谈到，事物的位置能在B-宇宙里变化绝不是显然的。所以，变化的问题和视点变化的问题必须一起解决。

为什么只有一个现在？

我们好像处于一个很不愉快的处境，因为避免麦克塔格特的矛盾的两种可能的方法都被问题困扰。现在主义者保留了A-序列（或者部分的A-序列），但是好像不能判断关于过去陈述的真假，而B-宇宙的支持者好像不能给变化以一个令人满意的解释。当深思这些忧心的问题时，让我们以另外一个难题来结束这一章。

　　"现在只有一个"，广告里这样喊道，怂恿人们马上采取行动去买一辆汽车，洗碗机，定做的厨具，人寿保险单。毫无疑问只有一个现在，但这是这个宇宙的一个重要的、真实的事实吗？如果它是一个真实的事实，拿什么来解释它呢？事情能不能是另一面呢？现在能不能不止一个？至少对于B-理论者来说，这是没有问题的。我每说一次 [144] "现在"，我指的就是我说话所在的这个时刻。这就如同我每次说"这里"，我所指的就是我说话时所在的位置一样。"现在"只是一个指称性的术语，也就是说它指称的东西随语境的不同而以系统的方式变化。所以，只是对"现在"的这种用法来说，"现在只有一个"才确实是自明的。当然，在另一种意义上有许多个"现在"。因为位于不同时候的人使用"现在"时，指的是不同的时间。正是在同一种意义上，当"我"指称的就是使用这个词的人，而不同的人都用"我"时，"我"就不止一个。但当我说"我只有一个"时，我说的是真的，因为实际上，"我"在这里正好是特指某个人。如果是我说的这句话，它就等价于"罗班·勒·普瓦德万只有一个"。（这里，陈述中是特指一个人，而不是说叫"罗班·勒·普瓦德万"的只有一个。）

　　但是对A-宇宙的支持者来说，"现在只有一个"不是公认的真理。而且单词"现在"的含义不是通过把它当成和"这里"或"我"同样的指称性的术语来把握的，至少不是详尽无遗地把握。当然，对现在主义者来说，"现在"有着特殊的意义：它抓住了实在的局限性。每一个实在的东西现在都存在。同样，对认为过去是实在而将来不是的人来说，"现在"传达了一些特殊的东西：它是实在的最前缘，历史的最后点。甚至对认为过去、现在和将来是同等的实在的A-宇宙的支持者来说，"现在"仍然具有一个唯一的地位：它是事情正在发生的那一点，是正在移动的过去和将来之间的界线。"现在只有一个"对A-理论者来说表达的是现在时刻的唯一性，也确实可以被A-宇宙的拥护者以及国产奢侈品的广告商用作一句宣传的口号。那么，难道我们就没有权利再问为什么现在是唯一的了吗？也就是说，为了理解现在为什么刚好只有一个而不是有几个，我们不是求助"现在"本身的含义来说它是唯一的 —— 我们已经试过这样回答这个问题 —— 而是求助其他的一些事实。我们，或者至少是A-理论者，在这里不得不小心翼翼。如果解释是纯逻辑上的以致说"没有现在"或"现在不止一个"实际上是自相矛盾的，那么我们就冒着把我们的口号降低到只是一个自明真理的危险。比如说，假设"现在只有一个"中的"有"是现在时态，指称的是现在存在的东西，那么根据定义，现在只有一个现在存在。这肯定使得这句口号平淡无奇，所以应该为A-理论者所避免。

乍一看，好像现在主义者在解释现在的唯一性时是最有利的。因为只有现在 —— 现在存在的东西 —— 是实在的。而实在只有一个。这也许可以解释为什么至少有一个现在，但它不能实际推出为什么只有一个现在。它和这个命题是不矛盾的：只有现在是实在的，并且仅有的一个实在可以含有不止一个现在。要排除的一点是它不应该含有不是"现在"的东西。所以，现在主义也不足以保证现在的唯一性。

这还有一个更有希望的解释。假设有两个现在。这肯定隐含着有两个不同的时间是现在，因为只有这样那两个现在才是可区分的。但如果两个不同的时间都是现在，那它们一定是同时的。这依赖于上面指出的A-宇宙的一个特性，即B-序列的事实可以从A-序列中推出。这样比方说，如果a和b都是现在，那么a和b同时。但根据定义，两个不同的时间彼此间不同时：其中的一个必定比另一更早或更晚。所以，不能有两个或更多的现在。（然而，我们仍然需要另外解释为什么至少有一个现在。）这个解释中令人不放心的地方是它求助于B-序列的一个关系，即同时性。因为根据A-理论者，A-序列比B-序列更基本。所以，在解释A-序列的一些基本特性时根本不需要求助于B-序列。

最后，通过指出正是A-序列中的位置使得每个时间就是这些时 [146] 间而不是其他的时间，我们可以避免谈论到B-序列。所以，"现在只有一个"只是A-序列定义的一部分：也就是，在A-序列中只有这样的一个位置。但这仍然没有给我们一个完整的解释，因为我们可以继续问"为什么只有一个A-序列？"于是，好像不假设我们实际上生活在一个B-宇宙里，我们就不容易干净利落地解释为什么只有一个现在。

麦克塔格特对A-序列和B-序列的区分以及他对时间的非实在性的证明，为人们的思想提供了一个异常丰富的领域。关于这个主题已经有很多著述。有点负面影响的是，他的其余著作相对被忽视了。而且他的哲学，虽然对一些著名的思想家比如罗素和摩尔影响很大，但这种影响在他生命的最后20年大大减弱了。后来担任剑桥卡文迪什物理学教席的卢瑟福（Ernest Rutherford），在他的日记里简短地记录了他作为一个晚辈和麦克塔格特的第一次会面。会面是在一次麦克塔格特那有名的吝啬早餐会上，并且显然没有给卢瑟福留下深刻的印象："1896年5月，和麦克塔格特，黑格尔派的哲学家，三一学院的院士，共进早餐。但运气不好，他只给我提供了少得可怜的早点。"他写道，"他的哲学的价值不比放在我们面前的两只猪腰子高多少，我讨厌他的哲学。"

147

问题

"每一秒钟经过一秒"是问题"时间过得多快？"的令人满意的答案吗？首先需要问的是，它是一个合理的问题吗？

我通过亲身处在时间中的某个特定位置，才能够知道现在所在的是什么时间。这就意味着一个不受时间影响的意识体不知道时间在过去是什么吗？如果是，那就说明，上帝既不受时间影响又是无所不知的想法肯定有错吗？

现在只有一个吗？为什么？

第 9 章
像放电影的宇宙

> ……历史是无始无终的瞬间的一种模式。
>
> ——T. S. 艾略特，《小吉丁》

迈布里奇的马和芝诺的箭

摄影技术改变了我们思考时间的方式吗？说得更具体点，它影响了我们对变化和运动的看法吗？早期的摄影过程需要长时间的曝光，所以摄影一开始往往是拍静态的景物，比如塔尔博特（Fox Talbot）的"打开的门"，拍摄了一把斜靠在他家（威尔特郡拉考克修道院）门口的扫帚。但随着技术的发展，摄影逐渐变成"快照"。到18世纪70年代，摄影机的曝光时间已经能够达到千分之一秒或者更小。这就使得美国摄影家迈布里奇（Eadweard Muybridge）可以进行一系列有关动物运动的研究。（他的原名是Edward Muggeridge，但他后来采用了一种"盎格鲁撒克逊人"的拼写方式。）这些研究中最出名的作品收集在他1878出版的《人和动物的运动》中，拍摄的是一匹马在奔跑时的一组静态的照片。这匹马叫奥克思敦特，属于当时的加利福尼亚州州长斯坦福（Leland Stanford）。迈布里奇成功拍到了奥克思敦特的腿在奔跑时的不同位置，因此他第一次指出了，以前关于马奔跑的绘画作品中马的四条腿一起离地是错误的。法国的生理学家马雷（Etinne Marey）差不多同一个时候对运动做了类似的研究。他把他的技术称之为"时间照相法"。摄影把运动分解为一张张静止的画面 —— 物体在某个瞬间的姿势被定格后形成的图像。虽然运动不再连续，但就像电影术的发明者所发现的那样，我们可以通过把这些静止的画面，按顺序快速投影到银幕上而重新体验到运动的感觉。

"真实的"运动类似于一种错觉。这是芝诺的第三个悖论 —— 飞矢悖论的结论。飞矢悖论和我们讨论过的芝诺的其他悖论很不一样。首先它没有、至少没有非常明显地引用无限可分的概念。实际上，它跟前一章的主题 —— 现在的概念之间的联系比无限密切得多，像我们将看到的那样。这个悖论的要点是：当我们仔细观察运动时，我们会发现运动只是物体的一系列状态，在每个状态中运动的物体只不过是处于空间的一个位置。这些状态单独不能算作是运动，可是当我们把每一个状态都描述完时，也就没有剩下什么东西可用来描述一个运动。因此，运动本身好像消失了。芝诺对运动的描述性分解方式就像迈布里奇的摄影分解方式：两者都提出一种和我们日常生活经验不符的对运动的看法。这使我们认识到世界呈现在我们面前的方式也许只是我们意识的产物，和银幕上的画面的运动没什么两样。但在如此动摇我们的日常信念之前，我们应该先细致地分析芝诺悖论的结构。

150 瞬间没有运动？

飞矢的悖论有不同的表达方式，这章可以看到三种方式之多。那么，芝诺最初的思想是什么呢？这里，我们不得不再次依靠他后来的注释者，最有帮助的也许是辛普里丘。他对悖论的说明如下：

> 正在飞行的物体在每一瞬间都占据了等同于自身的空间，在它整个的飞行过程中都是如此。因为在一个瞬间里没有物体是在运动的，所以在某一瞬间占据了等同于自身的空间的物体没有运动；但既然任何物体不是在运动就是处于静止，那么没有运动的物体就是静止：所以，飞行的物体在整个运动的过程中在飞行的同时又是静止的。(*Lee 1936*，53)

通常的做法是用箭来代替"飞行的物体"。而"在一个瞬间占据了等同于自身的空间"又是什么意思呢？也许是指箭占据了和它自身大小一样的空间。另外，我们会问物体是如何既在运动又不在运动的呢？也许想法是这样：当箭运动的时候，我们会认为它划出了一个空间区域，这有点像一架飞机后面水汽形成的尾迹。箭由此划出的空间比它自身的体积要大。但在一个瞬间里，一个物体只能占据和它自身大小一样的空间区域。所以，它在这一瞬间里是不能动的。(但是物体因此在一个瞬间就不能动吗？在下一节我们将留意"在一个瞬间里"和"在一个瞬间"之间的区别。)

让我们把这个观点表述的更清楚些，结果就像下面这样：

> 飞矢悖论：第一种提法：
> 1.如果箭在整个飞行的时间中都在运动，那么在其中的每一个瞬间它也是在运动；

151

2. 在每一瞬间, 箭占据的空间都等于它自身的大小;

3. 如果箭在一瞬间占据的空间大小和它自身的体积相
等, 那么在那一瞬间它不处于运动状态;

所以 (从 2 和 3):

4. 箭在整段时间的任一瞬间都不是在运动;

所以 (从 1 和 4):

5. 箭在整个飞行时间中都没有运动。

这里一切都依赖于"瞬间"的意思。因为前提 2 是合理的, 我们就需要把"瞬间"解释为不可分的时间点 —— 不能再继续分解为更小的单位。如果没有什么东西比"一个瞬间"还小, 那么在某一瞬间无论发生什么都不能分解为更小的时间里的不同事件。正是由于瞬间是不可分的, 箭在一个瞬间才是不能运动的, 因为运动牵涉的是占据不同的空间位置。这样箭运动时所经过的任意时间都可分割为许多不同的瞬间: 箭在这一瞬间占据了这个位置, 在另一瞬间占据了那个位置, 等等。但一个瞬间是不可分的。

为了更好理解前提 4, 设想一位无所不能的神决定创造一个世界, 但仅仅是一个瞬间的世界。那么, 在这样一个世界里会有变化吗? 肯定没有, 因为根本没有时间让变化发生。

亚里士多德在他的《物理学》里讨论过飞矢悖论和芝诺其他的运动悖论。他对这一点有个非常简洁的反驳:"从时间由瞬间组成的假设可以推出 [这个结论]: 如果这个假设不成立, 就推不出这个结论"(《物理学》239^{b}30~33)。和这个反驳最密切的前提是 1, 因为前提 1

的立足点是：一段时间里除了瞬间之外什么也没有，并且这段时间为真的东西对这段时间里的每个瞬间来说也为真。但不管我们是否认为时间由瞬间组成，这种辩护都是可疑的。因为对整体来说是真的，对部分来说不一定也是真的。比如，这个衣柜是7英尺高，但构成衣柜的每块木头不会是7英尺高。或者举个关于时间的例子，一个协奏曲持续40分钟，但组成这个协奏曲的每一部分不会持续这么长。所以，也许我们应该把前提1作为下面这个原理的一个应用：[152]

> 如果一个物体在整段时间里具有某种性质，那么它在这段时间的每一瞬间都具有这种性质。

现在很清楚，这个原理对绝大多数的性质来说都是可接受的：绿色，立方体形，由铜构成，10摄氏度，是某人的叔叔，离布丁谷两英里，反射光线，思考等。所以，只有在有足够的理由怀疑这条一般的原理适用于"正在运动"这个性质时，前提1才是靠不住的。

为什么亚里士多德会认为飞矢悖论依赖于时间是由瞬间组成的这个假设呢？我们刚看到，不求助于这个假设也有可能保留前提1，而且直接求助于它会招致谬误。也许是亚里士多德使得芝诺犯了一个非常明显的大错误，但还有一个更有趣的可能。

飞矢的一个相当明显的假设是，因为在这些瞬间存在某些为真的东西，所以它们不仅是有用的概念，还是独立存在的实体，但这个假设会得出某些非常令人吃惊的结果。让我们设想不可分的瞬间有一个很短但不为零的长度，飞箭在这一瞬间占据了和自身大小一样的空间。那么，每段时间都是由这样的"时间原子"组成（一个我们在第7章第一次遇到的想法），并且一段时间内的"时间原子"的数目决定了它的长度（假设每个时间原子的长度相同）。时间原子是构成时间段的基本单位。时间原子就是瞬间，所以时间的这种描述不会给存在瞬间的假定带来任何困难。但现在反过来，假定时间不是离散的（即不是由时间原子组成），而是连续的，那么每段时间都是无限可分的。对瞬间来说这种情况意味着什么呢？虽然时间是连续的，但从有限主义的假定——即没有实无穷（比如没有无穷大的物体）只有潜无穷（参见第6章和第7章对两者区别的讨论），我们能够设法避免这样的推论：每个时间段都包含无限多个瞬间。所以一个长度只是在这种意义——无论你分割了多少次，你总是还能分割更多次——上才是无限可分的。分割的过程是没有极限的，但分割并不独立于我们的实际行为而存在。所以，一个长度是潜在的无穷可分并没有意味着在这段长度里实际存在无限多个分割。和长度一样，时间也是如此：一段时间是无限可分的，但只是潜在的无限可分。零长度的瞬间不能独立于它们的划分方式。空间和时间可分的这种观点，在第7章里使得亚里士多德回答了芝诺关于运动的另外两个悖论：二分和阿基里斯悖论。两个悖论都是从时空连续的假设出发，得出令人难以接受的结论——运动蕴涵着某种不可能完成的东西：在有限长的时间里经过无限多个空间子距离。亚里士多德通过否定无限可分是一个独立的存在，消除了这两个悖论。必须承认的是，亚里士多德只是直接将其应用于空间的分割，但同样的推理也可以得出关于时间分割的类似的结论。

　　这使得我们有下面的推测：亚里士多德非常正确地认为，飞矢悖论依赖于瞬间实际存在的假设。但他认为这个假设隐含着存在时间原子，即非零的不可再分的非常短的时间段。他表示成时间是由瞬间组成的。所以，时间由瞬间组成的前提，归结到芝诺，只不过是飞矢悖论依赖于瞬间实际存在的一种表述。但是，假如时间是连续的，瞬间就不再具有悖论的成立所需要的独立存在性。

无论这种对亚里士多德思想的重建是否说得通，可以肯定的是，[154]许多后来的注释者都把原子论的前提归因于芝诺。这种建议有些吸引人的地方。首先，它展示了芝诺四个著名运动悖论的令人满意的、对称的完全辩证的描述。二分悖论和阿基里斯悖论表明如果时间和空间是连续的，那么运动是不可能的。而飞矢和竞技场悖论表明，如果时间和空间是离散的，那么运动是不可能的。因为没有时间运动是不可能发生的，而时间的结构要么是离散的要么是连续的，所以，运动是不可能的。

好在它只是一个建议。我没有极力强迫大家都接受它，因为有可能争辩说，亚里士多德区分潜无穷和实无穷概念的思想只是和无限多个空间点有冲突，而与无限多个瞬间没有冲突。假如亚里士多德的实无穷的概念是指同一时刻存在无穷多个物体，根据定义，空间点组成的一个连续体就是一个实无穷，而时间点组成的一个连续体不是实无穷，因为这些时间点是依次连续的，不是同的。所以，也许亚里士多德的有限主义观点能允许瞬间的存在，即便时间是无限可分的。其实真正麻烦的是一个瞬间是不可分的，不管它是否有一定的长度（比如把时间说成是由时间原子组成）还是长度为零。正是因为瞬间是不可分的，瞬间里才没有运动。

　　然而，还有另外一个问题：既然我们可以无所顾忌地谈论时间间隔（如果需要的话，包括无限小的间隔），为什么我们非得把不可分的瞬间看得很严重呢？是的，至少有一个瞬间的存在是难以否定的：现在所在的时刻。下一节我们将看到当把现在时刻和飞矢悖论建立联系时会发生些什么。

　　也许对飞矢悖论第一种提法的最有效的回答是，找到运动的一种描述，它既是合理的，又至少使得其中一个前提不成立。那什么是运动呢？最容易想到的是这样定义运动：运动是指一个物体在不同的时间占据不同的空间位置。这不正是迈布里奇用摄影技术研究动物运动时所揭示的吗？和罗素一样，我们把运动的这种定义称为*运动的静态描述*。现在，飞矢的悖论好像依赖于对运动的看法。这个看法隐含着运动是静态的话，一个物体在一个瞬间只能拥有一个位置。但是，具有讽刺意味的是，静态描述好像破坏了这个悖论。关于这一点有两种方法来展开。一种是说静态的描述使得前提 1 为假。我们可以退而承认在一个瞬间没有运动这种东西（或者一般而言是变化），而只是占据一个特定的位置（或状态），并且坚持运动是属于一个物体在一段时间里的行为。比如，一个有大小的物体是 10 英尺宽，而它不一定在每个不可分的空间点都是 10 英尺宽。（说它在一个点是 10 英尺宽是什么意思呢？）这就是罗素对飞矢悖论的回答（*Russell 1903*，467~473）。然而，它是一个非常令人吃惊的回答，因为有一种运动似乎迫使我们谈及在一个瞬间里的运动，即*加速运动*。如果一个物体在一段时间里连续加速，它肯定在每一个依次连续的瞬间具有不同的速度。也许有人会坚持这只是理论上的抽象，但肯定有人会想到，瞬间也是理论上的抽象。另一种更为合理的方法是我们对运动的分析

155

导致前提3不成立。这无须否定物体能够在一个瞬间里运动，但只是在一种派生的意义上物体能够如此运动：一个物体在一瞬间处于运动，当（且仅当）它在紧挨着的前面那个时刻或者后面那个时刻占据了一个不同的位置。因此，在某一瞬间为真的东西部分依赖于其他时刻也为真的东西。所以从毫无争议的事实，即一个物体在一个瞬间必定占据和它自身相等的空间，推导不出这个物体在那一瞬间没有运动。类似的是一个物体的外形取决于它的组成成分，但每个组成成分不需要和整个物体的形状一样。那么完整的运动静态描述如下：

> 运动的静态描述一个物体在一段时间里处于运动，当且仅当这个物体在这段时间里的每一个瞬间都占据了不同的位置；它在一个瞬间是运动的，当且仅当它在这个瞬间前或后的那个时刻占据了一个不同的位置。

156

但芝诺的悖论没有这么容易就被解决。因为我们能够重建飞矢悖论的另一个提法，它将暴露出运动的静态描述的缺陷。

现在没有运动？

当亚里士多德讨论飞矢时，他用了一个短语 $\varepsilon v\ \tau o\ vvv$。这可以翻译成"在一个瞬间里"或者"在现在"。后一个翻译揭示了另一种可能性，即瞬间指的是现在所在的时刻而不是任意的瞬间，这正是悖论的关键。假设时间是无限可分的，那么"现在"这一瞬间肯定是没有长度的，因为如果有，我们就可以把它分为几个部分，其中有些部分会早于其他部分。但现在里的一些东西，不可能比也在现在里的其他东西更早。所以，"现在"这一瞬间不可能有更早或更晚的部分，也就是说它没有长度。因此，用"在现在"，来代替飞矢第一个提法中的"在一个瞬间"。做些简化后我们就得到：

飞矢悖论：第二个提法

1.如果箭矢在飞行的整个过程中都在运动，那么当它运动时，它也在现在运动。

2.飞矢在现在里是不运动的。

所以：

3.飞矢在整个飞行过程中没有运动。

回想下一个反对飞矢悖论第一个提法的意见：我们避免谈及不可分的瞬间，而采用时间间隔的说法，而这样做就使得飞矢悖论和所谓的事实——没有物体能在一个瞬间里运动——风马牛不相及。但是，我们把论证的焦点转移到现在时刻，就解释了为什么所谈论的时间间隔必定是一个不可分的瞬间而不是一个时间段。因为如果现在时刻被分成不同的部分，一些部分必然比另外一些早，也就不成其为现在。但是，现在时刻的每一部分自身肯定也是现在，当然也就是说现在时刻没有更早或更晚的部分。

这种提法的另一个特点是它说的不是在现在时刻，而是在现在时刻里（这是 εν το νυν 字面上的翻译）正在发生什么。这当然使得这两个前提更为可信。因为我们乐于承认在现在时刻里（即现在的范围内）没有东西在运动。但不是能一眼就看出这点对我们有帮助，因为我们还可以坚持说，关键的问题是飞矢在一个瞬间的正确情形是什么，而且运动的静态描述允许我们说某个物体在一瞬间是运动的。它在一瞬间运动是依赖于这一瞬间是飞矢整个连续运动时间的一部分。

不过，第二个提法比第一个有进步的地方。对第一个提法最有力的反驳是由运动的静态分析所提供的：物体在一个瞬间的运动依赖于它在这一瞬间和其他瞬间的位置。所以，在一个瞬间的运动是派生出来的：它依赖于一段时间里发生的事情。这种运动正是芝诺这个悖论的第二种提法所要挑战的。因为现在时刻里为真的东西不应是派生的，而应是基本的。正是现在时刻的特殊地位使得现在的事实与过去以及将来的事实截然不同。运动的静态描述使得像"在现在的运动"这样的表达在时间上是含混的，把一个字面上是关于现在的一个简单的陈述变成了涉及过去、现在和将来的复杂的陈述。但是，我们也许可以设想"现在"的支持者会争辩说"箭矢在现在的运动"是关于现在的一个简单的陈述，不应该认为它省略了别的东西。

但在什么意义上现在时刻是特殊的？并且它的特殊的地位隐含着和变化及运动的本性有关的东西吗？在回答这些问题之前，我们应该考虑是否还有一种合理的描述来取代运动的静态描述。这种描述能公平对待这种直觉："箭在现在运动"是对现在发生的事情的一种简单断言。简单地说，运动的静态描述是指一个物体在某一时刻的运动依赖于它在这一时刻的位置和它在其他时刻的位置。和它相反的描述是这样：

> 运动的动态描述：一个物体在某个时刻的运动和它在其他时刻的位置无关。

也许如此枯燥的一个句子称不上什么"描述"。确实需要具体的解释来理解一个物体在某一时刻的运动何以与其他时刻发生的事情无关。有两种方法能使我们清楚地说明究竟是怎么回事（还有其他的方法吗？）：

  （i）物体在某个给定的时刻在运动是它的一种内在属性。这种属性是指物体有离开现在位置到其他位置的倾向。（物体的一个内在属性是指物体的这种属性独立于其他物体的存在和属性。）

  （ii）事件，包括涉及运动的事件，是最基本的，不能被分解为一系列的状态。同样，时间间隔是最基本的，也不能被分解为一系列的瞬间。所以说到"在某一时刻的运动"总是会被解释为在一段时间间隔里的运动，虽然这个间隔很小。

（i）成为下面这个反例的牺牲品：一个静止的物体被一个快速运动的物体撞击后开始运动。虽然物体在撞击那一刻受到一个力的作用，导致它在那一刻有跑到其他位置的倾向，但我们认为这一刻是静止的最后一刻，而不是运动的第一时刻。和（i）会发生冲突的还有相对论者的（更有争议的）论断 —— 运动总是相对于其他某个或某些物体。

  那么，剩下的只有（ii）。它当然使得飞矢悖论的第一个提法不成立。因为它让我们有理由拒绝该提法的第一个前提。第二个提法也不成立吗？我们暂时不作判断，先回到我们前面提出的问题。现在这个特殊的时刻指的是什么？对我们理解运动有什么影响？

芝诺和现在主义者

在前一章我们介绍了关于时间和宇宙的两种不同观念。一种把宇宙看成A-宇宙，在这种宇宙里，时间不停流逝，A-序列的事实（如这个聚会现在正在进行）比B-序列的事实（如这个聚会发生在爱斯科赛马比赛后）更为基本。另一种把宇宙看成B-宇宙，在这种宇宙里时间没有流逝，只存在B-序列的事实。B-序列的事实使得A-序列的陈述为真（"克劳狄在两千年前统治过罗马"）。显然是在A-宇宙才把"现在"看成是特殊的，的确也是唯一的。B-宇宙只不过是把"现在"和"现在时刻"这样的术语看做像"这里"和"我"这样的指称语。可惜的是我们看到，A-宇宙的观点受到麦克塔格特悖论的威胁。对A-宇宙的支持者来说，明显的（也许是仅有的）出路是采用现在主义，即认为只有现在是真实的。现在主义的一个表述方式是说所有的事实都是现在的事实。这就强烈暗示着，要知道过去或者将来是什么情况只有依靠现在是什么情况。（暗示着，但也许不是必须如此。另一方面，现在主义者能给出其他的什么说法，对过去和将来做出为真的陈述呢？不管怎样，接下来我都认为"现在主义"是指这种理论，即坚持现在的事实能判断过去和将来的陈述的真假。） 160

那么，现在主义解释了什么使得现在时刻是特殊的，并且的确也解释了为什么运动（假如发生的话）应该发生在现在。因为实在的每一个方面都必须是现在的实在的一个方面。所以，如果运动是真实的，它必定发生在现在。这也有助于解释在运动的静态描述中有疑问的地方。因为如果运动是纯粹的，只不过是一个现在的事实，那么它不可能依赖于其他时间发生的事情。然而，这里我们不得不小心点，因为虽然现在主义排斥过去和将来的事实作为实在的一部分，但它也允许关于过去和将来的为真的陈述。（当然，假设遇到前一章提出的担心时，需要假定现在主义者能够给出一个相容的机制，使得涉及过去和将来的陈述能够通过现在的事实判断为真。）于是，现在主义者会同意箭矢过去所处的位置和它现在占据的位置不同，但也会坚持认为是现在的事实使其为真。所以，现在事实的一个集合使得"箭矢过去位于s_1"，另一个集合使得"箭矢过去位于s_2"为真，还有一个集合使得"箭矢过去位于s_3"为真（这里$s_1 s_2 s_3$是指空间的不同位置）。这样看来，甚至当我们根据静态的分析来理解运动时，现在的事实好像（至少在原则上）能使"箭矢正在运动"为真。

但是，调和现在主义和运动的静态描述的企图还存在一个问题，而且这个问题和现在事实能够在多大程度上决定事件的过去状态有关。我们在前一章看到，现在主义者需要假定只有一个过去的事件和现在的事实是相容的。但是，既然现在主义把实在限制在一个单一的没有长度的点，那么就算有这个假设，对物体现在如何的描述也不能成为运动参照的一部分。因为（假定运动的静态描述是对的）这将引入不是现在时刻的其他时刻的状态。对现在主义者来说，可以说的只是物体的位置，它们的不同状态以及它们受的力。这足以决定物体稍早或稍晚的位置吗？考虑下面两种情况：

161

  （i）空间的绝对主义观点，即认为空间是独立于它里面物体的一个实体，是正确的。这就可以推出存在所谓的绝对运动（就是相对于空间自身的运动）。现在考虑一个宇宙，它里面的物体在做绝对的而不是相对的、不加速的单向运动，并且没有力作用在物体上干扰它们的匀速运动。那么，这些物体在任意一个时刻的位置能够决定它稍早或稍晚的位置吗？不能，因为物体在任意一个时刻的位置没有包含运动的方向的信息，并且没有力来决定这个方向。

（ii）相对主义者的空间观念是正确的，那么所有的运动都相对空间里的其他物体。现在考虑一个宇宙（相对简单些），它里面的物体在某个时刻所受的力都彼此抵消了。于是，没有任何力迫使这些物体沿某个方向运动。那么，这些物体在这个时刻的状态能决定它在稍早或稍晚时刻的位置吗？不能，原因和（i）中给出的一样。

所以，无论是空间的绝对主义者还是相对主义者，都存在这样的情况，现在的事实不足以决定物体是否曾经或者将会到达一个和现在位置不同的位置。但在运动的静态描述里，物体现在是否运动依赖于它的过去、现在和将来的位置。所以，在这些情况下，现在主义和运动的静态描述的结合，决定不了被讨论的物体是否在运动。于是，对现在主义者来说，比较明智的是抛弃运动的静态描述，而接受动态描述。这正是我们所期望的。

现在，根据前一节结尾动态描述的说法，一个物体在运动是一个最基本的事件，不能进一步被分解为其他的物体、属性和时间。既然 [162] 这些基本的事件存在，那么，根据现在主义者的解释，它们只能存在于现在。但处于变化的事件不是瞬间的东西：它们占据了一定的时间。所以，现在存在的东西最多只是事件的某些部分。但是，这些事件包含着本身不是事件的部分，又与这些事件是最基本的相冲突。那么，组成事件的这些部分又是什么呢？明显的答案好像是：一个物体的瞬时状态。因而，现在主义和这些事件是最基本的、不可再分解的实体的说法相矛盾。这对现在主义者来说是个很坏的消息，因为它也意味着和运动的动态描述相冲突。而我们刚刚给出理由，解释为什么现在主义应该拒绝静态的描述。

利用这些结果，现在我们可以得到飞矢悖论的第三个也是最后一个的提法：

> 飞矢悖论：第三个提法
>
> 1.如果运动是可能的，那么运动的正确描述或者是静态的或者是动态的。
>
> 2.如果现在主义是正确的，那么运动的静态描述是错误的。
>
> 3.如果现在主义是正确的，那么运动的动态描述是错误的。
>
> 所以：
>
> 4.如果现在主义是正确的，那么运动是不可能的。

我们在前一章的结尾提出如果宇宙是一个B-宇宙，那么我们理解变化时将会导致特定的困难。看来，现在我们能够对A-宇宙得出同样的结论，因为虽然飞矢悖论是特地对运动而言的，但是也能很容易地把悖论改成涉及的是一般的变化。并且，如果现在主义是A-理论者避免麦克塔格特悖论的唯一办法，那么，因为现在主义者在解释变化时会遇到困难，所以，不清楚我们如何能在一个A-宇宙中允许变化的存在。

　　问题进一步和第2章讨论过的对时间的看法搅在一起，那时我们把时间看做是一系列的变化。因为只有现在是真实的，时间只是变化，[163]而变化又不能发生在现在，这不就推出时间是不真实的吗？

问题

　　时间的最小片段可能是什么？在这个片段里物体能够运动多远？

　　运动的物体在现在运动吗？

　　如果仅有现在存在，并且变化一定需要时间才能发生，那么变化是真实的吗？

[164] 第 10 章
干预历史

　　不用害怕过去。如果人们告诉你，它是不能改变的，不要相信他们。

—— 王尔德（Oscar Wilde），《狱中书》

失去的日子

　　《绅士杂志》是一本综合了新闻、书评、菜谱、忠告和诗歌的有趣的月刊。1752 年 9 月的那一期刊登了一封很不寻常的信。信的作者讲述了他刚刚经历的一件令人不安的事情：

　　　昨晚我上床睡觉前是 9 月 2 号星期三。而今天早上我头一个看见的就是你们报纸的刊头。上面的日期是 9 月 14 日星期四。

　　然后作者解释，直到这件事提醒了他，他才意识到前不久议会最终同[165] 意在西印度群岛把老的儒略历换成新的格里历。这个改变需要跳过 11 天，所以，1752 年 9 月 3 号到 9 月 13 号就没有存在过。通信者继续说明这产生了一些有趣的后果：

> 我过去常常取笑我认识的一个人，说他每三年才过一次生日，因为他的生日是2月29日：某个晚上他跟我打了一个胸有成竹的赌，说我肯定会在某一年失去一个生日以惩罚我对他的嘲笑。他和我打赌时他喝醉了。但我丝毫没有想到我会活着看到它应验。先生们，我正是出生在9月13号。

接着语气变得很苦恼（虽然是在半开玩笑）：

> 但是我必须向你坦白很重要的一件事。先生，这五个星期以来我一直向最可爱的她衰求做一次爱。她很长时间好像只是在嘲笑我，虽然我的财产也就是她的财产。最后，先生，她定下了9月10号那一天，并且为这件事给了我1万英镑的保证金。我已经咨询过我的律师。他现在正和我共进早餐：他说不可能放在下一年，因为已经定在了1752年的这天。所以，我的1万英镑现在也值不上10个便士。先生，一个很好的事例，Mackmaticians（原文如此）[1]和制定历书的人一起使得一个男人被他的妻子欺骗了，在他拥有她之前：真是一种新式的离婚。

另一封信，是写给约翰逊（Samuel Johnson）的期刊《随笔》（1751年

---

1. 作者引用的原始材料上也是这个单词。

3月26日）的，作者看见了日历的改变带来的可能发生的趣事：

> 我认为新的日历是一件令人高兴的事情；因为我的妈
> 妈说当我16岁的时候我就可以去宫廷了，并且如果他们能
> 经常设法一下子就跳过11天，那么还差的11个月也就会很
> 快结束。奇怪的是，在对付时间的种种阴谋诡计中，以前
> 他们怎么就没想到用议会的法案来去掉它呢。亲爱的先生，
> 如果你可以投票或者有兴趣，让他们一次就减去11个月吧，
> 那么我就和某些已婚的夫人一样大……确实没有什么东
> 西像混乱的一年时间一样使我感到高兴，那时我就不用这
> 个小时固定要写字，下一个小时固定要做针线活，或者这
> 一天在家里等着舞蹈教师，下一天又要等音乐教师；而是
> 玩遍所有的球类运动，敲遍所有的鼓；不用做什么，不用
> 解释什么，只是尽情地玩，出门也不用说去什么地方，回
> 家也不用考虑有规定时间或者家里的规矩。
>
> 我是，先生您
>
> 　　　　　　　　　　卑贱的仆人
> 　　　　　　　　　　普罗普安蒂亚

不是每个人都能用这么轻松的心情来对待这种变化。欧洲的其他一些国家根据格利高里（Pope Gregory，新日历正是以他的名字命名的）的推荐，比这早170年就采用了新日历。要不是坎特伯雷（Canterbury）大主教反对的话（他竭力抵制天主教徒的所有影响），在伊丽莎白女王的支持下英格兰也会在同一时间使用新日历。当新日历最后被采用时，就像1582年曾在法兰克福发生过的一样，伦敦和布

里斯托尔（英国西部的港口）发生了骚乱。其他地方的示威要温和些。一些人在这些剧变中确实丢了生命。这些示威者好像有一种共同的感受，感到发生了一些根本的、不受欢迎的变化。它不仅是某一日子的名字从9月3日变成了9月14日，而是有11天被去掉了。现在会是在错误的时间庆祝圣徒节吗？人们被公然骗去了工资吗？他们的生命缩短了吗？不管它是只对一个惯常的日期系统的一种修正，还是对历史（的确也是对时间本身）的一种真实干预，对于这种改变实际上等于什么，确实有着越来越多的困惑。如果我们倾向于认为这些事件只是局限于一个头脑简单的年代，那么我们应该记得就在最近的20世纪下半叶，美国中西部的一群农民反对采用夏令时，因为他们认为多了一个小时的日照时间会把草晒死。

当然，我们不能通过改变日历或者时钟来影响时间。但我们能通过其他方法来干预它吗？

可改变的过去

167

人们会简单地反驳说我们不能对已经发生的东西施加任何影响，也就是说影响过去就会改变它，而改变过去就会陷入一个逻辑上的矛盾。举个例子，比如说昨晚我在轮盘赌中下了一笔昏了头的大赌注，结果（当然）输了。我自然感到后悔，一心想取消这件事情，想让它从来没有发生过。我懊悔得有点精神失常了，相信自己确实能够撤销昨晚的事，并且开始念着相关的咒语。我有成功的希望吗？假设我成功使得昨晚我没有参加赌博。既然我撤销这件事情的原因是我下了注并且输了，那么显然可以推出昨晚我在轮盘赌中既输了一大笔钱又没有输。这明显是个矛盾，所以可以推出我不能改变过去。不过，如果我不能改变过去，那我也不能影响它。因为如果影响某件事情不是指改变它的话，它又是指什么呢？我影响了我坐着的垫子，使它向下陷。茶壶影响了厨房里的空气，使得它稍微湿润些。房子外面的落叶堵塞了排水沟而影响了房子的状态，使得排水沟里的水下雨时溢出来，弄湿了墙。影响好像就是改变。我不能改变过去。所以我也不能影响过去，不然就会有矛盾。

对于这个论证还是有些担心。如果我们对将来提这个问题，从表面上看我们能，结论也不会使人更满意多少，因为我们能否改变将来就意味着已经给将来定好了一条要走的路。否则的话，可以说将来没有什么东西可改变的。比如说，我明天要乘坐 10:05 从史其普顿到卡莱尔的列车。这件事对现在来说是真的，但在最后那一刻我决定不去了。那么，我改变了将来吗？如果是，那么现在的情况就是我将乘坐又不会乘坐这趟列车。我不能说"现在来说我将乘坐这趟列车是真的，但明天早晨它将不是真的"来避免矛盾。因为如果明天我不坐这趟列车是将来的事实，我将在最后一刻决定不乘坐这趟列车也是现在的事实。我无法改变将来，不然就会产生矛盾。但是，如果影响某件事情也就是改变它，那么我也不能影响将来。这就意味着将来发生什么和我现在的决定无关，而我就像命运手中的一个无助的小卒子。

一些人已经发现这种推理的思路很有吸引力，可是为了谨慎起见，我们需要寻找抵制它的方法。一种方法是拒绝承认将来和过去一样也存在真实的事件。所以，虽然上周在艾尔河谷有过暴风雨在现在是真的，但是根据这种观点，下周在艾尔河谷有次暴风雨在现在既不是真的又不是假的。存在过去的事实，不过，没有将来的事实，并且没什么能判定关于将来的断言的真假。可以把将来想象成有多种的可能，它们仅仅在"现在"移动到那一点的时候才变为实在，非常像一根拉链。这就是第8章里考虑过的A-宇宙的一种，它抓住了许多人想到的过去和将来之间的不对称性。根据这个观点，将来只在一种意义上才是可以改变的：它能够被我们的行为所决定。这不是说已经存在一个我们能随意编造的关于将来的事实：这显然是荒谬的。更确切地说，我们不知道将来怎么成为现实，但当将来变成现在后，我们的行为将部分决定是什么事件成为现实。

这就是在第8章里给我们带来很多困难的观点。如果过去是真实的，并且这解释了我们不能像影响将来一样影响过去，那么过去的事实是存在的。但这些过去的事实和现在的事实不相容。这就是麦克塔格特悖论的关键。既然我们已经提出，有两种方式可以摆脱麦克塔格特的矛盾（也许有第三个，但那是什么呢？）：B-理论和现在主义。所以，让我们看看从过去和将来的可变性或可影响性这两个观点能得到什么样的推论。

在B-宇宙中，时间没有流逝，并且没有唯一的、独立于意识的 [169] 现在。所有的时间因此都是同样地真实。所以，如果我做了一个关于过去的陈述（"今天早上公交车来晚了"），这个陈述就有个确定的真假值，因为实在包含了能判断它为真或为假的更早一点的事实。过去（即在你读这个之前发生的东西，见第8章）因此不能改变，不然就存在矛盾。但同样的是，如果我做了一个将来的陈述（"电工将在下午来这里"），因为实在包含了能判断它为真或为假的更晚的事实，所以这个陈述已经有个确定的真假值。将来（即在你读这个之后发生的东西，见第8章）因此不能改变，不然就存在矛盾。现在这使得我们回到早先遇到的问题。如果过去的不可改变解释了为什么我们不能影响它，那么，假如将来同样是不可改变的，那我们也不能影响它。这样，我们的担心是B-宇宙剥夺了我们作为被动者的角色，但我们不必马上得到这个结论。B-宇宙的支持者坚持认为，重要的是区分两种不同的改变：一种是事物本身的改变，比如一栋建筑物被拆毁了；另一种是事实的改变。我们举一个事实改变的例子，"公共图书馆在2001年11月21日星期三上午11:30被拆毁"。我们能改变事物，但不能改变事实。我的行为可能是公共图书馆被拆毁的原因，因而改变了这栋建筑的状态，但是我不能改变图书馆在11:30被拆毁的事实。所以，合理的说法是，只有在我们谈到的改变是第一种改变，即事物的改变而不是事实的改变时，影响世界才意味着改变世界。（值得指出的是，某些影响也许涉及的是阻止变化。比如，我影响了一只刚从壁炉架上不小心被碰到的花瓶，在它被摔得粉碎之前我抓住了它。）

170　　　因此，沿着这个思路，如果我能使一个东西在某个时刻具有某种属性，另一个的时刻是另一种属性，可以说我能影响它，而这种属性随时间的变动正是物体变化的一种。但是，这不意味着我能改变物体在这一时刻具有这个属性，而在另一时刻具有另一个属性的事实，也就是我们能影响将来的事实而不改变它们。虽然这是一个好的观点，但是难道它就不能得出我们也能影响过去吗？而这一点是与因果和经验相违背的。因为如果我们能够影响将来而不改变它，那么过去的不可改变性也不再是我们能影响它的障碍。好的，根据影响和改变的区别，我们也许会允许影响过去的这种说法，但我们肯定不会接受它。

因为影响是一个因果的概念，并且因果关系是单向的，或者说是逻辑不对称的（见第5章），所以，a是b的原因和b是a的原因是不能同时成立的。还可争辩说，因果关系在时间上也是不对称的（下一章里讨论），所以一个原因始终发生在它的结果之前。现在，B-理论者可以利用因果关系在时间上的不对称性：影响事物的某个属性是导致这个属性的原因。但因为原因早于它们的结果，所以我只能影响事物在以后怎么样，而不能影响它之前怎么样。因此，虽然我也许可以影响将来，但是无法影响过去。

　　B-理论者关于影响过去的看法就只有这些。那么，认为只有现在是真实的现在主义呢？好像它不仅允许过去的可影响性，而且也允许它的可改变性。考虑第8章提出的问题：如果只有现在是真实的，那么是什么使关于过去和将来的陈述为真的呢？假设需要具体的事实来判断这些陈述，那么很容易得出结论，是现在的事实使它们为真。那么，假定现在发生什么肯定是在我们能改变的范围之内，根据现在主义的观点，我们通过改变关于过去陈述的真假不就可以推出我们可以改变过去吗？这个思想很好地反映在从奥威尔[1]的《1984》中节选的一段情节中。这段情节里阴险的奥布赖恩正在审问英雄温斯顿：

> 　　奥布赖恩的手指间夹着一张剪报。它在温斯顿的视线范围内大概出现了5秒钟。毫无疑问它是一张照片。它是那张照片，是党在纽约的负责人琼斯，阿伦森和拉瑟福德的合影的一张复制件。这张相片温斯顿11年前就见到过，

171

并立即把它毁了。它只是在他眼前晃了一下，然后又看不见了。但他以前看到过这张照片，他绝对看到过它。他使劲地做了个毫无希望的、极度痛苦的动作想扭动上半身，但身体在任何方向想动个1厘米都是不可能的。这一刻他甚至忘记那个仪表了。他唯一的念头就是想把那张照片再抓到手里，或者至少再看上一眼。

"照片还在！"他叫喊着。

"不，"奥布赖恩说。

他穿过房间，在对面的墙上有个记忆孔。奥布赖恩升起了栅栏。温斯顿看不见易燃的纸片在热流上翻卷。它正被火焰吞噬。奥布赖恩转身离开那面墙。

"纸灰，"他说，"甚至不是能辨认出来的纸灰，灰尘，它不存在，它也从来没有存在过。"

"但是它存在过！它还存在！它存在记忆里。我记得它，你也记得它。"

"我不记得它，"奥布赖恩说。

奥布赖恩为什么会说照片从来没有存在过呢？答案在于他对过去的看法。审问继续着：

"党有条口号是关于控制过去的，"他说，"劳驾把它复述一遍。"

"谁控制了过去就控制了将来；谁控制了现在就控制了过去，"温斯顿驯服地说了一遍。

"谁控制了现在就控制了过去，"奥布赖恩边点头赞许边说道。"温斯顿,在你看来,过去是真实的存在吗?"

无助的感觉又一次突然袭击了温斯顿。他的眼睛瞟了
下仪表。他不仅不知道"是"和"不是"哪种回答可以解救
他的痛苦;而且也不知道他相信哪个答案是真的。

奥布赖恩不察觉地笑了笑。"你不懂形而上学,温斯
顿,"他说。"在这刻之前你从来没有思考过存在的意义。
我来把它说的更准确些。过去是真实存在空间中吗? 是不
是在某个地方,一个由真实可靠的物体组成的世界里过去
依然正在发生?"

"不是。"

"如果是的话,那过去存在什么地方呢?"

"在人们的记录里。它被写下来了。"

"在记录里。还有——?"

"在大脑里。在人的记忆里。"

"在记忆里。那么,很好。我们,党,控制了所有的记
录,我们也控制了所有的记忆。那我们就控制了过去,不
是吗?"

我们用正在考虑的两种对时间的观点来解释奥布赖恩令人不安的看
法:像B-理论者所做的那样,把过去看成是和现在同样真实的存在
会导致荒谬的结论,即过去依然在某个地方继续着。这就意味着它终
究不是过去而是现在。这显然是错误的,所以我们转向现在主义。现
在主义否定过去的所有实在性,除了因为因果关系而留在现在的痕迹,
比如记录和记忆。也就是关于过去的陈述,只有借助于现在的事实凭
据才知道真假。既然这种凭据可以被销毁、调换,或者篡改,这就可

以推出发生在过去的东西也同样可以更改，也就是历史本身（即事件，而不仅仅是记录）能被干预。以奥布赖恩的现在主义观点来看，过去是可改变的。

　　但是，奥布赖恩的现在主义是一种非常极端、不合情理的现在主义。首先，它把决定过去陈述真假的现在事实的范围，局限于现在事实的凭据，即我们易于识别的、用来确定或者推测过去发生了什么的痕迹。所以，因为从烧了的报纸里的照片上看不出是什么东西，因而它不能再作为凭证，也不能再用来证实任何有关照片在过去存在的陈述。对奥布赖恩来说，失去了这样的凭证就意味着照片真的从未存在过。奥布赖恩最后认为凭证可以被更改就意味着过去可以有不同的真相，也就是说过去不仅可以被删除，也能无中生有。但是，现在主义不承认这样的令人不安的结论。第一，判断过去陈述真假的现在事实不必局限于我们能识别为凭证的东西。为什么我们的观察能力和推理能力要相应呢？过去留下痕迹和这些痕迹能否为人发现又有什么关系呢？并且，如果我们不必非得找到使得过去的陈述为真的事实，那么我们能够删去过去留下的所有痕迹也是不对的。比如，如果能证明只有一个历史是和宇宙的现在状态是相容的，那我们对现在为真的过去事情没有一点影响。第二，即使过去留下的痕迹也是可以删除的，以前为真的过去陈述也不一定现在为假。假设奥布赖恩销毁了照片留下的所有痕迹，也不能推出有充分的凭据证明它没有存在过。也就是说，现在主义者认为"照片存在过"既非真也非假。第三，伪造的凭证也许还带有它原来痕迹的信息。因此，也许伪造的凭证也不足以虚构关于过去的另一种真相。

　　对奥布赖恩观点的最后一个评论是：认为过去的观点真的隐含着过去还在继续着是有失偏颇的。认为过去是真实的和认为过去是空间的另一个区域，这两者是不同的（虽然它在某些方面和空间的一个区域有点类似）。过去不是还在继续着，因为根据定义它是发生在现在之前。只有一个隐含的假设——唯有现在才是真实的——才能得到结论说，过去是真实的唯一条件是它现在在继续着。但考虑到B-理论的含义，这样的假设是不合理的。

　　于是，我们的结论是，虽然现在主义的某些流派声称过去是可以更改的，但这不是这个理论的所有流派的必然推论。无论一个人对时间采取什么样的观点，都可以有理由抵制过去能改变的观点。但有一个假说好像能实现改变过去，即我们现在要关注的时间旅行的假说。 [174]

时间旅行者的两难困境

　　什么是时间的旅行？任何读过时间旅行故事的人对它都有一个直观的理解。但是，当谈到它的定义时，我们就面对具体的困难。考虑平常空间里的旅行：我们由于在不同的时间占据了不同的位置而实现了空间的旅行。（严格地说，这是旅行而不是某种运动在于它在我们的控制之内。但暂时让我们忽略这点。）现在，如果我们简单地用时间来代替上面定义中的空间，以得到对时间旅行的特征描述，那么我们会以某种没有价值的或者没有意义的东西而告终：时间里的旅行是指在不同的时间占据不同的时间。如果这只是意味着，比如我们在上午8:15占据了8:15那一点，下午4:30占据了4:30那一点，那我们一直都正在时间里旅行，但这肯定不是我们所理解的时间旅行。时间旅行意味着正在做不同于其他人正在做的事情。然而，说我们能在上午8:15处于下午4:30那一点是没有意义的，因为这意味着这两个时刻是同时的。可根据定义它们不是。

为了克服这个困难，看来我们需要区分旅行者的时间和他正在穿行的那个宇宙的时间。所以，根据刘易斯（David Lewis）的一个建议，让我们谈论旅行者的个人时间 —— 可以理解为，在时间旅行者的身上或紧挨着他的附近（这个邻近区域的范围由时间机器本身的大小定义）发生的变化的集合。因此，时间旅行者的个人时间就是他手表里的指针的运动，他心脏的跳动，他头发和指甲令人难以觉察的生长，他思想的变化，附近蜡烛的燃烧（假设时间机器里放着这样一个时间不同的时钟），等等。与之相对的是，外部时间是时间本身，由时间机器外的变化所记录。所以，尽管名字不同，但外部时间和个人时间不是不同的时间，或者不同的量，因为构成个人时间的变化也发生在外部时间中。根据这个区别，让我们设想这位时间旅行者去2101年的一次旅行。这次旅行在外部时间里经过了100年，但根据个人时间，仅仅过去了比如说5分钟。也就是说，发生在这次旅行中的时间机器里的变化，相当于外部时间里的5分钟的变化。对旅行者来说，他只过去了5分钟：这正是他的手表告诉他的，也是他主观感觉的，并且他自身也只老了5分钟。但是一走出时间机器，他会发现100年已经过去了。

那么，一个诱人的想法是把时间旅行定义为个人时间和外部时间之间的差异，但这种做法也是有漏洞的。因为无论我们是否为旅行者，我们都有个人时间，也就是我们大家都以记录时间的长短不一的方式在变化。实际上，不仅是有知觉的人，所有物体都有自己的时间。壁炉架上的时钟有自己的时间，在火炉里烘烤的蛋奶酥有自己的时间，还有窗台上的蜘蛛抱蛋[1]、墙上正在褪色的照片、厨房里正在滴水的水龙头。通过改变这些变化的速率，我也许可以说在这些物体自己的时间和外部的时间之间引入了差别。对这点可以举一个比较戏剧化的例子。设想你作为一个自愿者参加了低温保存实验，你同意冷藏自己100年。在这期间，你的新陈代谢和心率都降低到接近于零。你在这么长的时间里实际上只老了几天。在实验结束时，从生理上讲你并不比实验刚开始时老多少。你在冷冻期间没有记忆，因为你在实验中间完全没有意识。对你来说只是过了一瞬间，一个很短的个人时间花了 [176] 100年的外部时间 —— 一个非常大的差别，可以肯定地说这就意味着你在时间里向前旅行了。并且根据我们正在考虑的时间旅行的定义，你也确实在时间里向前旅行了。但你旅行了吗？如果你还有一些疑问，思考一个更简单也更熟悉的情况。我的表5个月前停了，我一直没时间把它拿给钟表匠修理。它只是没有像它通常那样记录下时间的流逝，那么，我的手表变成了一部时间机器吗？当然没有。

为了避免这种困难，更好的做法是把时间旅行者和时间机器的历史看成是外部时间中的一段不连续的历史。所以，当时间机器朝2101年出发时，它只不过是没有介入外部时间中。假如它介入了，那么当旅行者启动时间机器时，我们仍然能够看见机器就处在它以前的位置，绝对的静止并且内部显然没有变化。但是，每个人都知道当时间机器飞往另一个时间时，它会消失。不管怎么说，我们仍然能利用个人和

---

1. 蜘蛛抱蛋，一种亚洲东部百合科蜘蛛抱蛋属植物，有大的常绿基生叶和小的钟铃式黄色花，被广泛地作为室内盆栽植物。

外部时间的区别：这种旅行虽然在外部时间里是不连续的，但在个人时间里是连续的。也就是说，当机器到达目的地的时候，它里面的一台时钟没有一个突然向前（或者向后）的大跳跃：机器里的过程和平常一样是连续的。

　　然而，我们依旧没有排除悖论的可能。考虑发生在时间机器里的事件：旅行者参考时间运行表，运转的机械和高分辨率的计时器上的数字（这个仪器能告诉他时间机器着陆的时候是哪一年）都在不停地变化。那么，这些事件在时间的什么位置呢？它们不可能没有位置。而刚才我们假定的只是，这次旅行本身在外部时间中没有位置。也许答案是，这次旅行发生在另一个时间序列里。我们可以想象，这个时间序列是从我们所在的时间序列分开，然后又在一个更后（或更早）的时间交汇在一起（图22）。

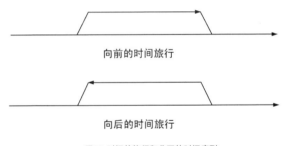

向前的时间旅行

向后的时间旅行

图22 时间的旅行和分开的时间序列

177　　　两个不同的时间序列的想法合不合理，我们将留在下一章讨论。

　　既然我们关于时间旅行有个站得住脚的定义，我们就可以开始追究这样的时间旅行的后果。比如说向后的时间旅行，即到过去的旅行是可能的，这可以推出过去是可改变的吗？或者，用个有点不同的说法，如果过去可改变是自相矛盾的，那么不就可以推出时间旅行是不可能的吗？让我们顺着这条思路。

我们得到的第一点是：因为时间旅行是可能的，所以现在主义不可能是对时间的正确描述。如果过去或者将来都不是真实的，去它们那里旅行也就是不可能的。我们不能跑到巴特勒的乌有国去，[1] 同样也不能跑到1789年或者2340年。到过去的旅行需要过去的真实性——将来的旅行也是如此。因为一旦某人回到过去，他所离开的现在就变成了将来，那么，再假设旅行的出发点已不是真实的（或不再是真实的）根本没有意义。有人也许会说："哈，也许将来（或过去）的时间在现在不是真实的，但当你到达它的时候，它就是非常真实的。"不过，这就很奇怪了：真实性竟依赖于某人是否出现在那里。如果某个事物是真实的，它肯定是绝对真实的，而不仅相对于特定的位置是真实的。（想一下"大本钟在伦敦是真实的，但在巴黎不是真实的"的荒谬之处。对时间来说，同样的说法不是一样的荒谬吗？）必须承认的是，现在主义者思考的是真实性随时间的变化，但这和认为真实性与时间相关不是一回事。对现在主义者来说，真实仍然是绝对的真实。[178]现在是真实的不需要任何条件，也和你偶然在哪天读到这些话无关。

那么，我们假设过去和将来都是真实的。这就需要认为关于过去和将来的陈述有一个确定的真假值。因而我们就不能用现在是可改变的来解释过去也是可改变的，而这一点正是这些陈述的真假所依赖的。

---

1. 巴特勒（Samuel Butler，1835—1902），英国作家，在1901年出版过一本讽刺小说《重访埃瑞璜》（*Erewhon Revisited*），描写一位名叫希格斯的人访问一个叫埃瑞璜的边远国家，在那里住了一段时间后，乘热气球逃离。

不过，如果关于过去和将来的陈述能确定真假，我们就不能改变它们的真或假，因为我们已经看到这样做会导致矛盾。所以，时间的旅行好像需要过去（将来）的绝对不可改变性，而这与我们对时间旅行的直观理解相冲突。比如，假设我发现我的一把伞丢在了火车上，而火车已经离我有100英里。我不是火烧火燎地跳进一辆汽车急驰到终点站，而是冷静地跳入我的时间机器，让它飞往我下火车前的那个时间，并且这次保证我不会忘记拿我的雨伞。但会有什么东西阻止我吗？

我们可以简单地说明这是不可能的。我回到过去的原因是某个事实（比如我发现自己把伞忘在火车上了），我们把它记做f。而我回到过去的结果是否定了这个事实，即非f。但是，f和非f不能同时获得。如果这看起来没有说服力，让我们举个更令人吃惊的例子来说明这个问题。比如，我因为爱情受到挫折想自杀。不仅如此，我还希望自己从来没有存在过。"让我出生的那一天消失吧，"我边说，边开始这一惊人的行动。假定我有台时间机器，这样我能使我的想法付诸实现。于是，我回到离我出生前的足够远的某个时间，找到一个直系亲属（如果要我父亲或母亲没有出生过的话，那么祖父或外祖父就足够了），然后根据事先的罪恶计划把他们杀死。因此，我就实现了我从来没有出生过的想法，但现在这段使人困扰的叙述一定暴露出它是没有意义的。如果我的行动成功了，那阻止了我出生的那位是谁呢？它不可能是我，因为我从未出生在现在来看显然是真的，因而也就不可能长大成人后，跳进一台时间机器里去阻止我的出生。所以，我不可能阻止我的出生。

179

举另外一个例子。假如我被第一次世界大战中的生灵涂炭所震惊，决定回到1914年去阻止发生在萨拉热窝的对斐迪南大公的暗杀。那天，我在人群中找到杀手，然后慢慢接近他。然后 …… 我绊了一跤，暗杀的那一枪射出去了。我失败了，我必定会失败。因为如果暗杀没有发生（也许不那么有道理，但让我们假定如此），第一次世界大战也不会发生。那么，我也就没有理由回到过去去阻止它。虽然这两个例子都很戏剧性，但它们只是举例说明了一条颠扑不破的真理：我不能改变任何过去的事实，虽然这让人觉得索然无味。

这似乎还有令人担心的更深层的含义。因为，如果我不能阻止我自己的出生，不能阻止第一次世界大战，就算我可以在适当的时间现身，那不也意味着，作为一个跑到过去的旅行者，我不是自由之身吗？如果确实有这个含义，就可以延伸到我们平常的没有时间旅行的情况，因为我也不能自由地改变将来。但是，我们能够求助于前面提到的关于影响事实（也就是成为它们的原因）和改变事实之间的区别。虽然我可以跑到过去也不能改变它，但也许我能影响它。因此，我的行动可能 —— 确实也不可能不会 —— 产生因果性的后果。这个后果部分决定了过去的事实。假设当我接近萨拉热窝的那位暗杀者时，我被绊了一跤而摔在他的身上，因而就他在开枪的时候使得他的手偏了一下。但他原本是射不到斐迪南大公的（枪法非常差）。可是眼下因为我的干预，子弹射中了目标。于是，历史走入大屠杀的轨道。当然，这不是一个自由行动的很好的例子，但它确实阐明了我如何能不改变过去而只影响它。于是，时间旅行也把过去放入我们的因果范围里，[180]并且也让我们得以在控制将来的同样的意义上控制过去。

但还有其他的悖论在这种自诩的时间旅行中时隐时现。我们将以两种情况来结束这一节。每一种情况都允许在时间里旅行，但每一种又都包含着一个矛盾或异常的地方。第一种情况是：

> 提姆正在苏塞克斯郡乡村他外祖父的家里过暑假。有一天很无聊，他走进了外祖父的图书室。在一个有些年头的书架上，他找到一本积满了灰尘、书脊上没有名字的书。打开后他发现，这是一本日记，笔迹他很熟悉。怀着越来越浓的好奇心，他意识到其中有个记录的内容提供了如何制造一台时间机器的详细说明。照着这些说明，提姆在接着的几年里一直在制造一台时间机器，最后终于完成了。他登入时间机器，然后启动开关。一瞬间他被送回到50年前。不幸的是机器和书在旅行中都被毁坏了。提姆在一本日记里写下了所有他记得的东西，但他无法重新造出机器，因为这时还没有制造机器所需的技术。接受了要以对时间无能为力的传统方式返回21世纪的事实，他结婚了并且有个女儿。后来，他把家搬到了苏塞克斯郡乡村一所布局零乱的住宅。这本日记就放在图书室里铺满了灰尘。许多年后，提姆的外孙来他这里度暑假时发现了这本日记。

提姆显然只有一个，并且自己是自己的祖先本身就是很怪异的。但我们关注的问题是：制造时间机器的知识从何而来？当然是由提姆写的日记而来。但他又是从哪里得到这个知识的呢？又是从同一本日记中！所以，这个知识是无中生有的。没有哪个人研究出如何制造时间机器，并把这个知识传给其他人。因此这种知识的存在绝对是无法理解的。

还有第二种情况：

彼得和简都是20岁，1999年的某一天一起出去散步。181 突然，一台时间机器出现在他们面前。一位陌生但又亲切的人从机器里出来，告诉简他有个重要的任务要给她。她必须走进机器里，带着一本他给她的日记本到2019年去，她必须在本子上记录这次旅行。她热心地按照要求做了。到了2019年，她遇到了已经40岁的彼得。她告诉彼得带着这本日记本回到1999年，并且记下他的这次旅行。彼得回到1999年又遇见了出来散步的20岁的彼得和简，并且告诉简，他有个重要的任务要给她。

这就引起几个问题：总共有几次旅行？彼得和简经历了什么事情？当他们完成旅行时，他们是多少岁？但真正棘手的问题是当简第一次走进机器时日记本上有几个记录？我们想象它是空白的。但这和同一个简交给40岁的彼得的日记本是同一本，而它上面肯定有简做的记录，并且当彼得回到1999年时，它上面也有彼得的记录。不过，如果这本日记在简接过的时候已经有两个人的记录，那么，当她把它交给彼得时就有三个记录，而彼得又会再给它增加一个记录。所以，当本子第一次给简时，上面就有四个记录。如此等等。如果问题不是马上就能明白的话，这是因为我们设想有无限次的旅行。但实际上只有两次：简到2019年和彼得到1999年的旅行。所以，这个问题——当日记本交给简时上面有多少条记录——应该有个合乎逻辑的答案。然而，我们已经看到好像没有一个合乎逻辑的答案。

颠倒的因果关系

假定跑到过去的时间旅行者无法避免和某个过去的时间相互影响，时间旅行的可能性就必然隐含着逆向的因果关系。比如说，旅行者在时间机器起飞前点燃了一支蜡烛，蜡烛在机器回到 4 个世纪之后仍然燃烧着。因此，蜡烛在 17 世纪燃烧的原因发生在将来：它在 21 世纪被点燃了。不管这是不是纯粹的想象，我们把原因出现在结果之后的这种现象称为"逆向的因果关系"。逆向的因果关系是一个不合逻辑的概念吗？如果是，那时间旅行也是。但即使我们以其他理由否定时间的旅行，我们仍然可以问，逆向的因果关系是可理解的东西吗？我能在现在做些什么而影响过去吗？

有人说逆向因果是不可能的，因为它包含着影响过去，而过去是不能改变的，但这个观点已经站不住脚了。考虑到我们早先提出的影响和改变之间的区别，这个反驳不是那么有说服力。我们能够影响过去而不改变它。但有一个相关的反驳更令人难以驳斥。我们能够影响未来是因为它是未定的，也就是说，将要发生什么还没有成为确定的事实。我们的行为在影响将来的过程中是帮助它确定要发生什么。而过去发生什么是已经确定的事实。所以，因为我们现在的行为不能使得过去更加确定，它们也不能影响过去。如果不假定过去和将来之间的这种基本的不对称性，因果关系是不可理解的。因此，原因总是早于它的结果。当然，这个反驳对 B 理论者和现在主义者不起作用。它只是对认为过去是真实的但将来是不真实的人才有效 —— 确切地讲，我们提出的这个观点很容易受到麦克塔格特悖论的攻击。

　　一个有点不同的方法是考虑我们实际能够亲历逆向因果的情况。比如说，我习惯于在闹钟响之前的5分钟醒来。反复思考后，我开始接受这种想法：5分钟之后的响声是导致我早一点醒来的原因。我们如何验证这个假设呢？如果我只有一次是在闹钟响之前醒来，那我们不能验证它，我们也没有理由接受这个假设。在我们考虑的这种情况里，我醒来总是早于闹钟响。所以，所考虑的假设就是，闹钟的响声总是我5分钟前醒来的原因。我可以在我醒来之后一直等到闹钟快要响的时候再把它关掉，使得这个假设不成立。如果我成功了，我就表明我醒来不是因为闹钟，至少这次不是。如果我积累了足够多的这种情况，那我就可以证明逆向因果的假设不成立。但如果说我失败了，并且确实每次我不让闹钟发声时都失败了，也许是它掉在桌子下面，或者是我没有及时伸出手，或者是开关坏了，等等。那么，就有个假设和逆向因果的假设对抗，它同样也可以解释我的失败：我的醒来是闹钟发声的原因。这当然是有点笨的例子，但基本的原理可以用到其他的情况。我们没有能证实逆向因果假设同时也否定与之竞争的正向因果假设的证据。如果我们假定因果关系是不对称的，即如果A是B的原因，B必然不是A的原因，那么，这两者是不相容的。在这些情况下，我们绝不会更偏爱逆向因果的假设。

　　最后一个想法：如果是更晚的事件而不是更早的事件导致了大量的事件，难道这个世界不会比它现在更让人吃惊吗？也就是说，难道我们不会碰见完全无法根据过去的情况来预测的、其真实原因在将来的突发事件吗？

184

问题

　　不管过去是不是真的存在，温斯顿应该用什么来回答奥布赖恩的问题？

　　去将来的时间旅行的可能性需要过去的真实性吗？

　　交给简的日记簿上有多少条记录呢？

第11章
我们之外的时间和空间

> "但是先生，你真正的意思是说，"彼得问，"还有像
> 这样的其他的宇宙——到处都有，只不过躲在看不到的
> 地方吗？"
>
> "这不是不可能，"教授说。
>
> —— 刘易斯（C. S. Lewis），《狮子、女巫和衣橱》

概率和多元宇宙

假如你得到一只大坛子，并被告知里面有100只乒乓球。拿出一
只之后，你很惊奇地发现这只球上有你的名字。那么，你能推断坛子
里其他球的情况吗？准确地说，有100种假设满足已知的有限信息。
这些假设从只有一个球上面有你的名字（这种假设正好是你偶然挑出
来的）到所有的球上都有你的名字。很显然，在这个时候你做出任何
确定的结论都是不明智的，因为每一种假设都可能是对的。但它们都
具有相同的可能性吗？你拿出一只有你名字的球的概率，取决于有名
字的球在坛子中占的比例。所以，如果只有一只球上有你的名字，那
你第一次拿到它的概率是1/100，一个非常小的概率。相反，如果所
有的球上都有你的名字，那概率就是100/100，也就是可以绝对肯定，

你第一次的选择是有名字的球。的确，所有的球都有名字比只有一只球有名字，更有可能使你第一次拿到有名字的球。用更笼统的话来说，你会偏向使选择的结果更为可能的那个假设。当然，这种判断只是暂时的。当你继续从坛子里拿球，并观察上面有没有你的名字时，你的判断也会改变。但关键在于，你第一次拿球的结果使得你有某种理由认为，有名字的球不是只有一个。

考虑另外一个例子。你正在查看从一台计算机打印输出的一页结果。这台计算机的功能是生成一列完全随机的数。你看到的第一行数是：314159265358979323846。它们看起来很熟悉。不久，你意识到这是 π 展开后的前 21 位。充满着好奇，你继续查看这页上的其余数字，发现它们都是 π 的展开。现在，你不知道计算机是不是只打出这一页，也不知道这是不是计算机多年不停地打出的无数页数字中的一页，而且是不是有人故意挑出这页以引起你的注意。你将做出什么样的假设呢？如果它的确是计算机生成的仅有的一页，那它正好和 π 的前 21 位吻合是非常不寻常的，也是非常不可能的。另一方面，如果它只是许多页中的一页（也许是从计算机好几年连续不断生成的随机数的打印结果中取出的一页），这种吻合就不那么不可能。所以，根据刚刚使用过的原理，我们应该选择后一个假设使我们的观察结果更为可能，而不是更不可能。基于前面的原理，我们有理由认为这页不是唯一的，它是许多页中的一页。和前面一样，更多的信息会使我们改变我们的假设。

现在考虑第三个例子，这次不是虚构的。生命能进化到我们现在熟悉的这个样子，宇宙必定具有某些确定的特性。比如，在进化的某个阶段肯定要有足够多的碳，也要有水。至少在宇宙的某些地方有相对稳定的温度，并且温差也很小（由水的冰点和沸点决定），需要和出现的生命不太远也不太近的稳定热源。原子以及原子组成分子的方式也要丰富多样。原子和分子既要相对稳定，又要能在一般的条件下和其他的原子或分子发生化学反应以形成新的分子。这些特性反过来又需要一些基本的条件，比如原子的内部结构，物体间的力，以及大爆炸后的早期宇宙的一些条件（假设大爆炸实际发生过）。甚至这个宇宙某一基本物理特性 —— 比如使得原子的各个部分结合在一起的力，电磁力，粒子的质量，和早期宇宙的膨胀率 —— 的一个细微的差异，都不可能演化出生命。公正地说，这个假说的某些细节还存在争议。然而，即使只有部分是正确的，生命的存在也依赖于所谓的宇宙的微调。生命的存在是个无可争辩的事实。然而，当我们想到宇宙的物理构成的可能方式非常多，并且在这些可能的方式中只有很少的一些能够演化出生命时，这种特别的结果 —— 生命的出现 —— 几乎是不可想象的。我们对这个结论满意吗？或者像坛子里的球和打出来的数字一样，我们去寻找使得我们的观察更加可能的假设吗？

一个广为人知的使之可能的说法是上帝的存在。如果这个宇宙不[188]是盲目选择的结果，而是神的设计，那么在如此多的宇宙可能物理构成中偏偏只出现和生命相适应的少数几种就不再是非同寻常的巧合。当然是一位仁爱的上帝才能创造出这个适合生命的宇宙。假定上帝是存在和仁爱的，生命的出现不再是不可能的，而是确定无疑的。一些人把宇宙可微调看成是上帝存在的一个新的论据（也可能是一个老的论据的新变种）。但是，还有另外一个改变生命可能的假说。它没有牵涉造物主，并为一些宇宙学家认真对待：多元宇宙的假说。

　　根据多元宇宙的假说，我们所在的宇宙只是多个（也许是非常多）宇宙中的一个。这些宇宙中的每一个都有不同的物理条件。假如这些宇宙足够多，可能出现的原子间的力，电磁场的力和重力也多种多样。有些宇宙在历史的某个时候出现过大爆炸，有些没有。在某些宇宙中大爆炸之后的膨胀速率很慢，导致大坍塌，而另一些宇宙非常快。在某些宇宙中没有稳定的原子，而另一些宇宙则几乎完全由氦组成。某些可能只包含二维空间，某些可能是四维。一些宇宙还很有可能只包含时间真空和空间真空。这些宇宙的数量越多，可能实现的物理条件也就越宽，就更加可能出现一个具备生命产生条件的宇宙。换句话说，假定一个多元的宇宙，就像假定和 π 的展开相吻合的那一页数字是多台计算机经过许多年运算得到的许多页中的一页一样。只要我们的宇宙是唯一的，那么它出现生命的事实就是不可思议的（除了假设造物主之外）。但是，一旦我们发现它只是数以亿计的具有不同物理构成的宇宙中的一个，那么这个事实就要寻常些。我们甚至还想189　说，只要有足够多的宇宙，出现一个其物理条件适合生命产生的宇宙是不可避免的。

　　我们现在关心的不是检验多元宇宙假说中推理的正确性。它足以表明自己是有些道理的，并且至少可以和其他神学的解释（宇宙为什么是现在这个样子）竞争。我们这里关心的是考察这个假说所包含的东西。多元宇宙有时被说成只是一个个的微型宇宙，即一个更大的无所不包的宇宙的一部分。但，是什么东西使得这些微型宇宙成为一个宇宙的一部分呢？当然不是它们的物理构成，因为不同的微型宇宙有不同的构造是多元宇宙假说的一个基本的组成部分。（只要这些宇宙全体表现出非常多的可能构造，就算其中的一些宇宙非常相似，那也没有关系。）所以，好像我们只剩下一种可能，即这些宇宙都是同一个大宇宙的不同部分，它们占据着同一空间的不同部位，并同时存在。但这会造成一些问题。人们习惯认为宇宙是被物理定律所支配 —— 运动的定律，引力的定律，电磁力的定律等 —— 意思就是说不管宇宙里的是什么东西，这些定律都要满足，或者说这些定律，比如牛顿的运动定律，都为真。人们也习惯认为这些定律是普适的：它们适用于所有的地方和所有的时间。可以论证的是，认为这些定律只是局部的是毫无意义的。但是，如果真的有定律这样的东西，对多元宇宙来说，表现出不同的定律是非常重要的。否则，微调的问题又会冒出来：为什么实现的只是允许生命出现的那些定律呢？所以，如果不同微型宇宙表现出不同的定律，占据同样的空间，那我们不得不认为自然界的定律是局部的。但是，是什么划分不同的定律在空间的作用区域呢？它们能扩展吗？并且如果一个宇宙和另一个宇宙相互作用的话，会发生什么呢？如果不同宇宙间存在相互作用，那是什么定律决定了这种作用的结果呢？然而，也许谈论"定律"是宇宙的某些特性是不恰当的。当然，我们能使得关于定律的陈述为真，但使得这些定律的陈述为真的（根据某个理由）应该是物体的位置属性，而这 [190] 些都可认为是空间的局部性质。但是，人们还不得不加上物体间的关系，比如力，并且也会引起不同宇宙间相互作用的问题：不同宇宙的物体间存在什么样的关系呢？当然，宇宙间也许距离很远而不会发生相互作用，可还是没有理由假设在将来的某个时候不会发生相互作用。并且空间本身又是什么呢？有可能在某些地方是三维而其他地方又是四维的吗？

　　如果放弃所有的宇宙位于同一个空间，我们就可以巧妙地回避这些问题。毕竟不是很清楚，认为这些微型宇宙是同一个大宇宙的不同部分能有什么好处，特别是不允许它们相互间有作用。所以，我们用空间的术语而不是用宇宙的定律来规定一个宇宙：一个宇宙是一个空间上相互联系的物体的集合，并且它和这个集合之外的物体没有任何联系（需要后半句来防止我能到处走以免又连通成一个宇宙）。所以，多元宇宙是不同空间组成的集合，彼此间没有联系。某个宇宙中的一个物体和其他宇宙中的任意物体没有距离关系。或者换种说法，从一个宇宙到另一个宇宙不存在空间路径。

应该强调的是，多元宇宙假说的这种解释是非常有争议的。它还有其他解释可以不抛弃时间和空间的唯一性。不过，我希望这里说的东西足以使我们认真对待多个空间的思想。还有其他的框架使得我们可以考虑不同宇宙的思想吗？让我们简短地介绍一个。

¹⁹¹ 分支的空间

1801年到1803年间，托马斯·杨（Thomas Young），当时是皇家学会的自然哲学（物理学）教授，进行了一系列闻名于世的关于光的本质的实验。其中最出名的一个是，从一个光源发出的光通过两个狭缝后射到一个屏幕上。这两束光相互干涉，在屏幕上形成了明暗相间的"干涉条纹"。这正是波运动的特征。比如，同时往一口池塘里丢两块石头，入水点相距几英尺。每块石头打到水面时都会激起一列圆形的波纹，在池塘的表面不断向外扩大。当这两组波相遇时，它们在某些地方会相互抵消，在其他地方会增强。同样的花纹也出现在杨氏实验中。因此，这个实验为光的波动理论提供了强有力的证据。但光也表现为一束粒子。光的"粒子理论"在杨氏实验之前就已经提出来了。但是，在19世纪下半叶它才得到影响深远的证实。光以能量包或量子——光子——的形式传播，这是爱因斯坦（1905）解释光电效应时的基本假设。这本身就令人十分费解，一个物体怎么能既表现为粒子，具有确定的位置和动量，又表现为波，能在空间传播并显然没有动量的概念呢？

但后来还发现一个更深入的困惑，甚至当一个时刻只有一个光子通过某个狭缝时，也会出现光子产生的干涉花纹。也就是说光子随时间产生的干涉花纹正好和许多的光子同时穿过狭缝时产生的花纹一样。人们自然会假定一个光子自己肯定不会干扰自己，并且只能通过其中一个狭缝。所以，到底发生了什么呢？

这有一个解释（应该是许多解释中的一个）：光子所有可能的位 ¹⁹²置都会实现。当光子接近狭缝时，宇宙分叉了。在宇宙的某些分支上，光子通过一个狭缝，在另外的分支上，它通过另一个狭缝。严格地说，这里我们不应该谈论单个的光子，而应该是许多个光子，其中每一个都受限于一个宇宙分支。的确，每个物体，包括狭缝、屏幕，任何用来确定光子通过哪个狭缝的设备，都被复制多次。于是，当不同分支里的光子通过某个狭缝时，这些分支就融合在一起，所以又变成单个的光子。但光子的这种行为被分支融合之前就存在的许多光子的行为所决定。某个人在任一时刻观察到的只是单个的光子，因为他的观察必定发生在一个也只能是一个分支。对其他的观察者来说这也是对的，他们在其他的分支做出自己的观察。

让我们假设这种不寻常的解释是对的，那它对空间来说意味着什么呢？如果任何东西都可以复制多次，空间本身一定也可以复制，否则，不同的物体会在同一时间位于同一位置。所以，分支的宇宙也是一个分支的空间。这些分支的空间和分支之前存在的空间相互关联，但彼此间没有相互关系（图23）。

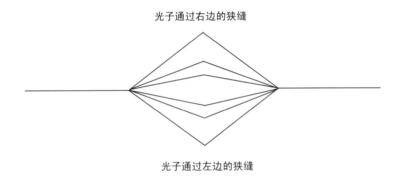

光子通过右边的狭缝

光子通过左边的狭缝

图23 空间的分支

同样，这也只是双缝干涉实验的许多解释中的一种，但它至少说明了多个的空间和时间的思想有用处。我们关心的不是去研究支持这种解释的物理上的论据，而是考虑它引起的概念上的困难。这是我们现在要做的。

反驳和结果

后两节要仔细考查的关于宇宙的观点，否定了一个康德认为是空间的基本特性。他提出：

> 我们只能够描述一个空间；并且如果我们谈到多个空间，那也只是说一个唯一的空间的不同部分。(*Kant* 1787, 69)

这和康德把空间看成是一种直觉的形式有密切的关系。这种形式不是直接属于物体本身，而是意识的投影。它不是我们能消除的一种投影——我们不得不认为物体是在空间排列的——虽然如此，但它只是一种投影。空间不是独立于意识的实在。现在为了接受多元宇宙的假说，或者至少是为了解释它，我们把空间看作是独立于意识的。所以，我们也许认为我们不用束缚于康德只有一个空间的坚决主张。但康德提出空间唯一性是他把空间看成是一种直觉形式的部分动机，而不是一个推论。这只是康德观点的一种规定条件或者一种错误的幻想吗？还是空间只有一个有其内在的原因？

这里有一个可能的相关解释。当我们考虑空间或空间中排列的物体的一个集合时，我们认为自己是和它相关的。可以说我们是在我们意识空间的中心。但设想有一组不同的互不关联的空间时，我们不得不想象存在我们不在其中的空间，而这是我们做不到的。然而，这[194]不是一个强有力的论证。想象和仅仅是假设之间存在区别。想象，或者至少这里用到的想象，是和感知紧密相关的。当我们想象排列在空间中的物体时，我们设想我们感知（有代表性的是看到）到它们排列在空间。这种感知的内容包括这些物体距离我们有多远的信息。所以，我们自然不可避免地位于我们想象的空间中。但不是所有我们能想到的东西都能用这种方式来想象。像在第4章里一样，我能仔细思考四维空间的概念，但我无法设想能感知到四维的东西。我能够想象一棵我感知不到的树，但无法想象去感知一棵我感知不到的树。看来我们能够思考物体，而同时不用想到我们和它们之间的相互关系。那为什么我不能认为空间是客观的，是不需要我位于它的中心的呢？

　　反对存在其他宇宙的思想的另一个观点是，我们从来没有它们存在的证据。为什么没有？因为，如果没有路径可以从一个宇宙通到另一个宇宙，一个宇宙也就没有途径来对另一个宇宙施加因的影响：因果关联的物体也必须是空间上关联的物体（也就是，如果我们通常的因果关系的概念是正确的话）。而且证据就是因果的概念。当物体以某些方式对我们施加因果的影响时，我们可以得到它存在的真实的证据，但这也是容易回答的。也许直接的证据就是因果关系，但不是所有的证据都如此。我们不能被其他空间（或者这些空间里面的物体）影响的事实并不意味着我们没有理由相信它们存在。前面讨论的关于概率的三个例子（坛子，随机数生成器和宇宙微调的问题）提供了非因果推理的实例。我们能有其他空间存在的证据 —— 如果多元宇宙的支持者是对的，的确需要证据 —— 这种证据不用求助于这些空间对我们施加的因果影响。无论如何，即使我们把这种证据限制为因果关系的效应，不管它是什么样的宇宙的效应，至少对双缝干涉实验的讨论表明了这类关于其他宇宙存在的证据是可能的，因为如果允许这些空间交汇在一个点上，那么，它们彼此间也能施加因果影响。

　　在我们认为有因果上完全孤立的宇宙的模型中，比如在多元宇宙中，我们还有比空间的不唯一性更激进的观点，即时间的不唯一性。如果宇宙间没有相互的因果作用，也就没有什么方法可以使得不同宇宙中的事件在时间上排序。根据第1章中判断有意义的证实主义原则

195

（这个观点认为，我们在原则上不能验证对错的东西是无意义的，或者说如果没有意义，就既不是对的也不是错的），我们足以判断在不同宇宙发生的事件在同一个时间序列里的排序是没有意义的。但我们认为这个意义的标准太严格了，比较明智的是这里不去用它。可是还有另外一个想法。我们在前一章注意到时间和因果关系间的密切联系。因为时间的关系最终是用因果关系来定义的，那么，相互间没有因果关系的事件也就不可能有时间上的联系。我们将在最后一章考察这样定义的一种尝试，以及这种尝试所面对的困难。但这里我们必须注意到它们的含义：多元宇宙不只是不同空间的一个集合，它还是不同时间序列的集合。因此，正如从一个宇宙到另一个宇宙没有空间的途径一样，一个宇宙里的事件也不可能同时于、早于或晚于其他宇宙的任意事件（图24）。实际上，我们可以把一个宇宙定义为空间和时间上彼此相关的物体和事件的集合。这些物体和事件与这个集合外的任何物体和事件没有空间或时间上的关系。

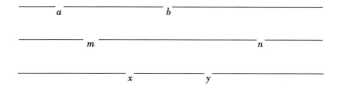

a 和 *b* 相关，但和 *m*, *n*, *x*, *y* 不相关

图24 并行的时间序列

和空间一样，对时间这种描述的一个反驳意见是，在想象一个时间序列的时候，一个人自己也必须位于这个序列中。但是，对任意个体来说不可能位于多于一个的时间序列。所以，无论我们在什么时候思考时间，我们都必须认为它是唯一的：每一个想象的事件都和其他 [196]

这样的事件在时间上是相关的。这种观点也许比空间的类似观点更有说服力。我们对时间的日常体验强烈地提示我们，时间是某种流动或流逝的东西，也就是（根据其中的一个解释）有一个唯一的、有特殊地位的时刻——现在。它不停地从一个事件转移到另一个事件。于是，用第8章介绍的理论的话来说，时间本质上是一个A-序列：一个时间序列或事件序列从遥远的过去走向遥远的将来。"现在"是我们在时间中始终不变的那点。那么，变动的是这些：在考虑一个时间序列时，我们需要考虑一个A-序列，即把事件划分成过去、现在和将来的某种东西。所以，在想到一个时间序列时，我们需要设想某种包含现在的东西。现在是我们所位于的那点，因此想到一个时间序列时，我们自己必然位于其中。对空间来说类似的推理不是这么可信。没有理由认为我们需要把空间看成是包括"这里"的某种东西。现在，考虑我们不在其中的其他的时间序列。说这些时间序列中的一个时刻是现在，有没有意义呢？可以论证说，没有。所以，如果认为时间在本质上是由A-序列组成的，那也必须认为它是唯一的。

认为宇宙是B-宇宙，即宇宙里时间不会流逝并且所有的时间都是同等真实（见第8章）的人将不会这样反对多个时间序列的思想。他们甚至走得更远，以致用我们能设想互不相关的时间序列来表明时间不一定要以A-序列的形式。所以，证明多元宇宙的证据同样也是B-宇宙的证据。

但是，两条路线都能被抵制（一条是不同时间序列的概念在逻辑上是不一致的，因为它和时间是A-序列的观点相冲突；另一条是时间是A-序列的观点是错误的，因为不同的时间序列逻辑上是一致的）。认为时间本质上是一个A-序列和假设存在其他时间序列，没有冲突。客观地说，如果时间是一个A-序列，它包含的过去、现在和将来是和一个人的位置，甚至他的存在，是完全独立的。在我们消失很长时间后，时间仍然将继续成为现在。并且，虽然我们活着的时候，我们的位置始终和现在时刻一致，但是，某个时刻是现在不是因为我们正处在那个时刻，而正好是反过来：假如我们是在这个时间序列的某个位置的话，那么，是该时刻的"现在性"限制了我们位于那个时刻而不是其他的时刻。所以，其他时间序列的某个时刻能否成为现在，不需要我或其他人位于这些时间序列中。如果我们处在其他的一些时间序列中，那我们就位于其他时间序列的现在时刻，但这根本不需要我们实际位于任何时间序列中。换句话说，可以这样说：

> 存在相互间没有时间关联的其他的时间序列，并且这
> 些时间序列里有某个时刻是现在。

而不用认为那个时刻在我们这个时间序列中也是现在。（实际上，隐含的意思是那个所说的时刻在我们这个时间序列中不是现在。）

　　但事情还没有完。第8章还介绍了A-序列观点的两个子命题。一 198 个认为存在一个A-序列。第二个认为A-序列比B-序列更基本，因为是A-序列的事实决定B-序列的事实，而不是相反。让我们把第二点称为A-序列观点的还原主义论题。于是，根据这个论题，闹钟响和我被吵醒都是在现在，因此它们是同时的。而牛奶送到比闹钟响要更早，是因为牛奶的送到发生在过去而闹钟响是在现在。我们说过，在底层的A-序列事实决定了两个事件在B-序列中关系的陈述为真还是

假。现在，论题不是简单地说时间只包括一个 A- 序列，而是说有没有可能存在其他的时间序列。考虑图 24 中的时间序列，我们可以合理地假设 b 和 x 都是现在，虽然它们不是位于同一个时间序列。不过，根据还原主义论题，与 b 和 x 有关的事实应该得出 b 和 x 是同时的。然而，因为它们属于不同的时间序列，所以这显然是错的。还原主义论题的错误并不一定得出实际上根本没有 A- 序列，但它使得时间在本质上是一个 A- 序列的观点少了许多吸引力。因为能解释 A- 序列和 B- 序列事实之间的逻辑关系，是 A- 序列观点的一个优点。而还原主义论题的失败剥夺了 A- 序列观点的这种解释能力。

在这个情况下，A- 理论者还能采用两种策略。一是用 A- 序列来分析 B- 序列事实和存在其他时间序列并不矛盾。第二个策略是，不是为它与还原主义论题冲突寻找理由，而是找一个理由来怀疑是否能和谐地存在其他时间序列。让我们考虑第二个策略。换个角度来看我们上面用过的句子：

199

存在另外一个时间序列，它和这个时间序列没有时间关联，并且该时间序列里有某个时刻是现在。

为了更好地理解这句话，我们需要把"存在"解读为没有时间上的含义。比如当我们说"存在一个大于 7 的素数"时，我们指的不仅是某个特定的时间存在这个素数，或者现在（但也许不在过去）存在这个数。但当我们处理具体的物体时，关于存在的断言确实具有时间的含义。至少，这正是 A- 序列的辩护者可能会争辩的。我们描述时间流逝的一个方式是，当事件处于现在时它们才成为实在。在它们处于现在之前，它们不是实在的一部分。换句话说，将来不是真实的。如果这个描述是正确的，在存在的断言和时间之间就有着一种非常密切的关联。这正好被解释为 A-序列的时间，即由一个过去、现在和将来组成的一个时间。对现在主义者来说，只有现在存在的才是真实的。所以，现在主义者对上面那句话的解读是下面这个样子：

> 现在存在另外一个时间序列，它和这个时间序列没有时间关联，并且该时间序列里有某个时刻是现在。

而这显然是不可理解的，因为它隐含着这个所说的时刻在我们的时间序列里是现在，而在那个时间序列里不是现在。允许过去是真实的但将来不是真实的产生一个类似的问题：

> 现在或过去存在另外一个时间序列，它和这个时间序列没有时间关联，并且该时间序列里有某个时刻是现在。

这就意味着所说的这个时刻在我们的时间序列里或者是现在或者是过去，但在那个时间序列里既不是现在又不是过去。所以，如果同意存在的断言是带有时态的，即带有我们的过去、现在或将来的含义，A-序列的辩护者就不用被迫去考虑其他时间序列的可能性，就像多元宇宙（的一个提法）中所假设的那样。[200]

然而，对 A-理论者来说还有一个困难。回想下前一节介绍的思想，空间分离成孤立的不相关的多个空间，而这些空间在一段时间之后又会交汇在一起。当这些空间分支截然不同时，它们之间没有因果联系，它们包含的东西只有在交汇后才有相互作用。这种因果不相连的思想再次隐含着时间上的不相连，这样导致分支或交汇时间的概念。这里，在某些点分离形成的时间序列在另外一些点又合成一个时间序列。现在考虑这种想法，即我们处在的时间序列是从过去分出来的一支，也就是两个分开的时间序列在过去的某个点交汇在一起（图25）。从我们现在的位置来看，e和f都是过去。但是，因为它们发生在分开的时间序列中，所以，它们相互间没有时间上的关系。需要指出的是，存在的断言具有时间含义并不会和一个分支的过去序列相冲突。因为我们可以说过去存在两个孤立的时间序列而不产生矛盾，因为它们都交汇在我们的过去。但现在让我们假设，e和f正好都是离我们同样远的过去：比如说它们正好都发生在某年某月某日某时某分某秒前，那么，如果A-序列的事实是还原主义论题声称的那样，决定着B-序列的事实，那它们应该是同时的。但是，因为e和f是发生在不同的时间序列里，所以它们不是同时的。

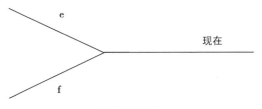

图25 分支的过去

²⁰¹　　　所说的这些东西的教益在于，如果能恰当地用时间的非标准结构来解释一些物理事实，比如微调的问题和双缝实验，这就会给我们A-宇宙的观点带来压力。并且，困难更多涉及的不是存在一个A-序列的简单主张，而是随之而来的更大胆的主张，即认为是A-序列的事实决定了B-序列的事实，而不是反过来。

问题

如果存在其他的世界或宇宙，那么出现一个和我们所在的宇宙一样的宇宙有多大的可能？

有什么证据告诉你宇宙正好分为两个吗？又有什么证据告诉你，我们的宇宙曾经和另外一个交汇过吗？

在一次跑到一个并行宇宙的历险（地狱）即将结束时，胡博士思考着"不是所有的东西都是并行的 …… 无限多的宇宙，因此有无限多的选择。所以自由的意志不是一个幻觉。"你能明白他所思考的是什么意思吗？你同意吗？

202 第 12 章
时间箭头

我凝视的前方竖立着一块固定的路标，

我必须沿着一条没人回来过的路走下去。

—— 米勒（Wilhelm Müller），《路标》

隐藏的路标

时间能够倒流吗？我们试图使这形象点时，不妨把它想象成某种像电影一样可以倒着放的东西。但是，这种想象是设想了某种存在于我们正在观察的过程之外的东西。作为一个观察者，我们自己不在电影中（即使我们正在观看一场自己演出的电影也是如此，因为我们 203 看到的屏幕上的那个人，在被拍摄的同时不是在看这部电影）。所以，我们放映时把电影颠倒过来，与它拍摄时的正常顺序并没有冲突。但在想象时间的倒流时，我们不能以这种方式使得自己不在场，我们不能在我们正在想象的时间之外。所以，我们以和事情发生的顺序不同的顺序来观察它们时，我们是不自由的。那么，形象的比喻是没有帮助的。我们接受时间倒流的思想时，必须用更抽象点的概念来思考它。这个思想会引入悖论。因为如果"时间倒流"意味着"事件正在以与它们发生的顺序相反的顺序进行"，那它就是矛盾的。而"更晚的事件发生在更早的事件之前"也好不到哪里去。甚至时间里的旅行者也不是使得时间颠倒过来。它只不过是旅行者生命中的特定事件本来该向一个方向正常进行,但在某个时候向相反的方向进行。那么,要是所有的过程都反过来呢?考虑自然过程的正常进行方式:雨点从云中落下浸透了地面,河水流下山,一个时钟装置的发条松开,热从一个温度高的物体流向一个温度低的物体。现在想象一下所有的这些过程都以相反的方式进行:水从地面跑到天上去,河水往山上流,发条自己变得越来越紧,热从温度低的物体流向温度高的物体。这肯定是一个语无伦次的描述。但这是时间倒流的一种吗?所有的事情朝相反的方向进行的思想隐含着,时间(或者至少它的方向)是和它里面的过程无关的。并且,当其他东西反着进行的时候它仍然以正常的方式进行。

无论如何,虽然我们在所有的自然过程都颠倒进行的想法中发现不了矛盾,但我们仍然能够问,它是否真的可能发生。难道时间本身没有一些隐含的约束,或一些内在的方向性,使得时间里所有的过程朝同一个方向进行吗?时间的方向或箭头的说法把这个思想抓住了。时间应该有个方向,好像是从我们关于它的经验中得到的:我们的青春一旦过去,就不可能回来。然而,尽管在普遍深入的意义上我们都认为时间正在流逝,并且只朝一个方向流逝,但时间的一个最神秘之处就是,为什么它有这个方向。的确,准确地描述我们正在试图解释的东西,不是一个简单的任务。说时间有一个方向实际上是指什么呢?和时间的流逝一样,通过和空间的对比可以帮助我们对时间方向的理解。显然,在某些限制之下,我们能自由地去我们想去的地方:我们能向后,向前,向上向下以及沿任意一个方向走。对我们行动的任何约束（我们假定）都与空间本身的性质无关，而是同空间里的其他物体的行为和影响有关 ——— 比如我们需要制造特殊的条件才能脱离地球的引力。（当然，如果空间有一个边界，或者是有限的，那么对可能发生的运动就有一个限制，并且一般来说空间的其他性质，比如它是否弯曲也会影响物体，像在第 4 章见到的那样。但是这不妨碍我们正在进行的空间和时间之间的对比。）简而言之，空间里面可能有方向，但是空间本身没有方向。相反，我们不能同样自由地跑到我们想要去的某个时间。除去时间旅行外，我不能重新回到昨天。所以，当我们对比时间和空间的关系时，我们也许可以发现暴露出来的差别。

　　那么，考虑关系"早于"。这个关系使事件在时间上按顺序排列，并且，我们也许会认为它是反映了时间的方向。它是如何反映这点的呢？好的，作为解释这点的第一个努力，我们先看看这个关系的逻辑性质：特别的一点是，它是不对称的，即如果 A 早于 B，B 不会早于 A。所以，也许时间的方向就在于"早于"这个关系的不对称中。但这是不对的。因为"在北边"这个关系同样是不对称的，然而，我们不会因为这一点而认为空间本身有方向。所以，肯定还有更多的东西。考虑另一个不对称的空间关系，"在左边"。它需要一个参照点。从我坐的位置来看桌子是在窗户的左边，但如果我转过身，那就变成了右边。所以"在左边"其实必须认为是"从某个位置来看在左边"的简化。"在北边"和"在上面"同样需要预设一个参照点，但不像"在左边"，这是一个固定的参照点。"在北边"隐含着参照的是北极，实际的意思是指"更靠近北极"。同样，"在上面"一般的用法也是指"更靠近地球的表面"。相反的是，使用"早于"不需要时间上的一个参照点。如果"今天早上我上火车比到工作地点早"这件事在上午 11 点是真的，那么在下午4点照样是真的。一个事件是否早于另一个事件不会随时间变化。我们能够用"早于"是内在的不对称的说法来表示空间和时间的差异。内在的是因为两个事件间这种关系的成立不依赖于其他事件的存在。不过，虽然这种比较是有意义的，但仍然没有很好的抓住我们试图找出的时间和空间之间的区别。考虑另一个不对称的空间关系：在里面。一个物体是否在另一个物体的里面似乎不依赖于任何空间的参照点。此外，这个关系也能用来给一组相关的物体排序，比如一个俄罗斯套娃里的一组不断缩小的木制娃娃[1]。但是，"在里面"这个关系不是一个普适的关系：它无法用来给空间里的所有物体排序，因为许多物体不在其他物体的里面。相反，"早于"是普适的：我们能用它给时间里的所有时间排序。所以，时间中的一个事件一定存在和它满足"早于"关系的其他事件或时间。空间里也有既是内在不对称又是普适的关系，比如"大于"。但是，它不是一个位置关系：它没有给出空间里的一个物体和其他物体的相对位置关系。相反，"早于"是位置关系：它给出一个事件相对其他事件的在时间里的位置。

我们说"早于"这个关系是内在不对称的、普适的和位置的，这无疑就抓住了时间有别于空间的地方。但方向好像指的还是别的东西。一个序列可以有序而不必有方向。比如，用关系"大于"排序的一列整数：

114大于113，113大于112，112大于111…

---

1. 俄罗斯套娃是俄罗斯传统的民间工艺品，以优质软椴木为原料，经镟空、烘干、打磨、绘画、烫金等多道复杂工序制成。每套有件数不等的木制娃娃，大的套小的，故此得名。

这是个有序的序列。但我们不用非得只从一个方向来数这个序列。我们可以从最小的数开始逐渐数到最大的数，也可以反过来数。数字本身没有给出一个优先的方向，好像没有什么隐藏的路标。但时间既是有序的又是有向的，我们大概这么认为。时间的流逝肯定指明了一个事件发生的优先方向：现在从更早的事件向更晚的事件移动，而绝不会以相反的方向。时间方向的概念是否不得不和时间流逝的概念拴在一起？这是一个有趣而重要的问题，我们在这章的后面会再次遇到。

三个箭头，事物为什么会解体

我们在试图把握时间的特性上获得了一些进展。这很可能与时间方向的概念密切相关，但我们还是没能给出难以捉摸的时间方向的具体分析。所以，让我们试试另一个不同的方法。使我们注意到时间箭头的是时间过程的行为。一些过程好像是时间不对称的：过程中的某些阶段发生在其他阶段之前。这些不同的过程实际上每一个都构成了一个不同的时间箭头。最重要的箭头是：

　　热力学箭头：方向是从有序到无序；

　　心理学箭头：方向是从事件的感知到这些事件的

记忆；

　　因果箭头：方向是从原因到结果。

在每种情况里，过程的方向都是和从早到晚的方向一致的。因此，无序趋向于增加（在下面就要解释的意义上），记忆总是随感知而来，绝不会在它们之前而来，而原因总是先于它们的结果（或者真的是这样吗？我们把这个问题放到后面）。这就引起一些棘手的问题：

> 为什么每一种时间箭头都要符合从早到晚的方向？
>
> 为什么这三种箭头都指向相同的方向？比如说，为什么从经验到记忆的方向要和从有序到无序的方向一致？
>
> 有一种箭头比其他箭头更基本吗？
>
> 我们能实际使用其中的一个箭头来定义时间的方向吗？

回答其中的某个问题有助于我们回答剩下的问题。比如，第一个问题的答案也回答了第二个问题。又比如，第四个问题中，假定我们真的能用某个箭头来定义时间的方向，那就回答了第一个问题。因为如果时间的方向可以解释为，比如心理学箭头，也就可以逻辑推导出感知先于记忆。它也是断言这个箭头比其他两个更基本的基础。并且，对这个断言的一个验证将是，我们能否通过那个更为基本的箭头来解释这三种箭头为什么彼此一致。

我们现在将依次考虑每一种箭头。记住上面这些问题。

首先是热力学箭头。根据热力学第二定律的一个常见而不正式的表述，热趋向于从高温物体传递到低温物体，因而低温物体的温度升高。这就意味着热趋向于分布得更宽更均匀。那么这和顺序有什么关系呢？好的，考虑一杯刚倒上的在桌子上冒着热气的茶。这是一个相对有序的情况，因为这种情况里能量集中在一个相对小的区域。这

208 里有集中在茶水占有的小区域中的热能，还有使得茶杯不散架的表现为力的形式的能量。最后茶杯还有势能，因为它离地面有一定的高度。但现在一只粗心的手无意中把茶杯从桌子上扫下去了。茶杯往下掉，在地上被打成碎片，茶水也溅得房间里到处都是。当茶杯下落的时候，它的势能就转化成了动能，然后被地面撞碎时变成了声能和热能。茶水里面的热能迅速地消散在空气里。所以，能量现在分布得更均匀了。这个经常用来阐述第二定律的小插曲，不过是范围更广的自然现象中的一个例子。其他的例子还有，一块掉到池塘的石头激起向四周扩展的波纹，阳光晒热了一栋房子上的砖，趋向解体的事物 —— 比如建筑物、书和自行车。在这些情况中，能量变得越来越分散，在这种语境里，也可以说成是无序在增加。它也被称作熵的增加。

　　我们先简单说一下熵的定义和其他一些相关的术语。一位科学家恰好感兴趣的一个特定的对象或者对象的集合，可能是一体积的气体或液体，也可能是一块固体物质，或者一组相互作用的物体。我们把这种对象或对象的集合抽象地定义为" 系统 "。现在假设有一定的热量传入这个系统：气体被太阳加热，或者液体用火加热等等。热量的传入而引起的系统的熵的变化，就等于热量的大小除以系统被加热前的温度。系统丢失热量的情况下，熵的变化为负。但一个系统的熵的变化不一定需要系统增加或丢失热量。它也可以是热从系统的一部分传递到另一部分的结果。假如我们让一个非常热的物体挨着一个非常冷的物体，并把这两个物体看成一个单独的系统。热量从热的物体流向冷的物体，这样两个物体的熵都经历了变化：热物体经历了负的变

209 化，冷物体经历的是正的变化。而整个系统内部的热量是没有变化的。但是，冷物体中熵的正变化大于热物体中的负变化（因为对于冷物体

来说，它的熵等于传递的热量除以一个更低的温度），所以这两个熵的变化不能互相抵消。整个系统的熵是增加的。这就给出了热力学第二定律的正式表述：

一个发生变化的孤立系统的熵或者不变或者增加。

一个"孤立"的系统是指一个和外界没有能量交换的系统。但熵是什么呢？一个定义它的方法是：系统的熵是系统的热能（热）的有序度。这个有序度表现为热能转化为其他形式的能量的有效性。能量的有效性越小，熵就越大。那么，为什么熵趋向于增加呢？为什么事物会解体呢？

处理这个问题的一个比较有影响的方法是概率的方法。继续用茶这个例子。假如你有一个大茶盘，并且在茶盘的一个角上放了几块方糖。一开始它们被整齐地叠成两层，每一层有5块。现在你开始使劲摇晃盘子，然后把它放在桌子上。假定盘子是平的，桌面也没有倾斜。你有可能看到什么呢？肯定不是两层很整齐的糖块摆在盘子的一个角。它们也不会自己整齐地集中在中间。几乎可以肯定的是，糖块将随机分布在盘子的表面。无论你做多少次这样的实验，结果很可能都是相同的。换句话说，糖块最终出现一种有序的排列并集中在一个小区域是非常不可能的。这是因为有序的排列很少，而随机的或无序的排列很多。所以，假设糖块的运动是随机的，那它最终出现有序排列 210 的机会是非常小的。这反映了有序的排列只占可能出现的排列总数的很小一部分。能量倾向于分布得更加随机的理由也是一样的：随机分布的排列远远超过了有序的排列，所以随机分布出现的概率大得多。

但是，这些概率的想法实际上对我们理解为什么无序会随着时间增加没有什么帮助。一个高度有序的状态的确是不可能的，因为上面给出的原因。但不管我们谈论的是一个更早的时刻还是更晚的时刻，它同样是不可能的。在某个时刻给定一个有序的状态，比方说一杯杜松子酒和奎宁水（加有冰和柠檬）在今天中午12点的温度分布，纯粹的概率解释没有给出任何理由认为这个系统晚一点的状态应该比早一点的更无序。事实上，同样没有理由认为东边的杜松子酒和奎宁水比西边的更无序。当然，过程确实是从前进行到后，而不会反过来。但如果不先确立我们正在试图解释的东西，即时间的方向的话，我们无法假定这一点。

还有一个非常不同的方法。让我们尝试用热力学箭头来定义时间箭头。换句话说，宇宙的一个状态能发生在另一个状态之前，不过是因为第一个状态比第二个状态更有序。所以，根据定义，无序趋向于增加。因为热力学箭头单独定义了时间方向，所以它比其他箭头更基本。我们正式称之为时间顺序的热力学分析：

> 时间顺序的热力学分析：时间A早于事件B，当且仅当B发生时宇宙的熵大于A发生时的熵。

我们现在对为什么无序会增长有两个明白的解释。第一个解释是不完整的，就算我们试图把它和第二个解释结合在一起也不能使它变得完整。我们不必说"时间的顺序正是从有序朝着无序的方向。所以，没有什么热力学箭头的地方也就没有时间的箭头。还有我们知道为什么无序趋向于增加：无序只是一个更可能的状态。"这句话的第一部分使得它的第二部分有点多余。如果我们用热力学箭头来定义时间的顺序，我们就不必去搜寻其他的解释来回答为什么熵随着时间增加。这就有点像在人口普查表中，问已经填了"已婚"的人为什么有配偶一样。更糟糕的是，如果我们说熵的增加只是可能的（即使是压倒性的可能），那我们也为熵的偶然减少打开了方便之门。但是，在时间箭头的熵定义中，我们根本没有打开这扇门：熵增加成了一条必然的真理（的确，也是自明的）。所以，有人很可能会说，热力学箭头的概率解释减少了它的哲学意义，即便是增加了它在物理上的合理性。既然我们关注的是时间的哲学，那么在这节的剩下部分，我们将把内容局限于考察时间顺序的热力学分析。

热力学分析的一个结果是，一个总是处于最大无序状态的宇宙，根本就不会表现出时间的方向。因为在这样的宇宙里熵不会有（有意义的）变化。但是，如果我们认为时间要存在必须表现出一个方向（我们在最后一节回到这个问题），那这确实是个问题。

这个分析意味着热力学箭头是三个箭头中最基本的。但验证这一点依赖于我们能不能通过热力学箭头是最基本的来解释为什么这三个箭头都指向一个方向。根据下面的思路解释心理学箭头还是有些希望的。热力学箭头指向一个整体的，而不仅是局部的变化，也就是宇宙作为一个整体来说它的熵在增加。熵在局部可能会减少，比如气体被压缩成液体，或者一块大石头被搬到山顶。但熵的这种局部的减少总是使得整体的熵增加，因为无序的局部减少需要能量，而所需要的能量最终是以热的形式耗散的。现在，以记忆的形式保存的信息就是这样一种有序的局部增长，这必须通过熵的全局增加来补偿。所以，[212]

从经验到这些经验的记忆的方向和有序到无序的方向是一致的。（我们假定，记忆的形成使得有序会局部增加是个定义，而不是个偶然的事实。）

但因果箭头呢？它能用热力学箭头来解释吗？好的，假设熵的增加总是因果过程的一个结果。我们举出的熵增加的所有例子都是因果过程：掉到地面的一只茶杯被摔得粉碎；丢到池塘里的一块石头激起向四周传播的波纹；砖被太阳晒热；记忆、磨损和分裂使得事物分解。某些事情的发生涉及能量的传递，并且这种传递导致能量的分布更宽广或者更随机。伴随着熵增加的正是因果关系。所以，因果箭头必须和热力学箭头指向一个方向。这是一个满意的解释吗？那么，我们来考虑因果关系可能导致熵减少的情形。比如，设想上帝在某个时刻干预了宇宙，使它更有秩序。现在，如果热力学分析是正确的，即熵增加的方向就是时间的方向，那我们设想的例子就不得不是逆向的因果关系：上帝的干预导致了一个宇宙在稍早时候的更有序。但是，这当然不是我们所设想的：我们设想的是上帝导致了一个后来更加有序的状态。所以，如果这个例子真的可能，那热力学分析就不可能是正确的。现在，热力学分析的辩护者会简单说，我们设想的情况不是真的有可能：甚至上帝也不能使熵减少。所以，除非我们愿意赞同逆向因果链，否则热力学箭头和因果箭头总是指向同一个方向。

然而，这就说明了热力学分析的不合理性。作为一个概率陈述，热力学第二定律很有可能是真的：熵要增加是极其可能的，具有压倒性的优势。可这还是会给偶然地、孤立地出现熵的减少提供可能。但热力学分析拒绝了这种可能，使得熵增加成为必然的真理。这似乎太绝对了。我们如何能排除即使是千载难逢的熵减少的可能性呢？

让我们继续前进，看看心理学箭头。

意识的过去

17世纪的英国哲学家洛克把记忆作为连接过去的我们和现在的我们的纽带。这条纽带解释了人随时间的延续性。这样做有些道理，因为完全丧失记忆就剥夺了我们对自身的认知能力。同样，丧失了形成新记忆的能力我们会彻底成为傀儡。在《因为一顶帽子错怪了妻子的男人》中，神经学家萨克斯（Oliver Sacks）讲述了一个病例。他称病人为"吉米"，第一次遇到这个病人是在1975年。吉米得的是一种晚期的科萨科夫综合征[1]，超过几秒钟的任何事情都记不住。此外，虽然他能回忆起1945前的具体事情，但以后的30年几乎完全是空白。结果，他认为自己仍是在1945年：19岁的年纪，正在想是待在美国海军呢，还是去上大学。萨克斯评论道：

> "他好像，"我在我的笔记写道，"被隔绝在生命中的一个时刻里，围着他的好像是一条遗忘的护城河或空白地。……他是一位没有过去（或将来）的人，停留在一个始终变化着的、无意义的时刻。"
> ……"我敢大胆地肯定，"休谟写道，"我们都不过是不同的知觉组成的集合，以不可思议的速度彼此相继，并

214

---

1. 科萨科夫综合征（Korsakov 's syndrome）又称为遗忘综合征，其特点是近记忆障碍（识记）、顺行性遗忘或逆行性遗忘、虚构或错构、定向（尤其时间定向）障碍。

且处在永恒的流动中。"在某种意义上（吉米）已经被还原
为一个"休谟"[1]人。(*Sacks* 1985, 28)

然而，这种记忆和连续存在的自我之间明显的密切联系，依赖于更为
密切的记忆和时间之间的联系。我们只记得过去，绝不可能记得将来。
这不是无足轻重的一点：如果我们对将来有体验的话，我们不会称之
为"记忆"。相反，过去以一种将来不会有的方式暴露给我们。这是为
什么呢？为什么心理学箭头从更前的时刻指向更后的呢？和热力学
箭头一样，让我们看看，如果我们企图用记忆来定义时间的方向将会
发生什么。我们也许会得到下面的东西：

　　　时间顺序的心理学分析：A 比 B 早，当并且只有当 A 是
　　某个记忆的内容，而同时 B 是感知的内容时。

这肯定解释了为什么记忆在感知之后：定义就是这样。早些时刻发生
的东西刚好是某人记得的东西，但它是个非常令人吃惊的定义，因为
它使得时间的顺序依赖于意识。如果周围没有人体验事物，随之也没
有这些体验的记忆，那么，也就没有更早和更晚。这足以让某些人抛
弃心理学箭头是更基本的想法。"确实，"他们会争辩说，"一个事件
能不能被某个人所亲身体验，是一个纯偶然的事情。而且，体验到的
事件可以是由体验不到的事件引起的。那么，认为体验到的事件
早于对这个事件的记忆，而事件的原因不比记忆更早，这不是很
荒谬吗？"

---

1. 作者用休谟的名字 Hume 造了一个和 human being 相近的词 humean being。

　　这里有两个非常不同的问题。一个是，一个事件比另一个事件早，[215]是不是这两个事件一定要被某个人体验到，答案当然是否定的。另一个问题是，一个事件比另一事件早，是不是某个或某组事件（当然不必是那两个）必须被感知到。时间上的领先有可能无缘无故地依赖于意识吗？不是很轻易就可以看出答案必定是否定的。

　　让我们试试以一个更为精细的方法用心理学箭头来定义时间的箭头。首先，让我们引入"介于"这个关系。我们能够通过哪个成员介于哪两个成员之间的信息给一个序列排序，比如，把一群人排成一列。所以，知道了贝蒂在弗兰克和沃尔特之间，多丽丝在哈罗德和伊妮德之间，哈罗德在沃尔特和多丽丝之间，沃尔特在贝蒂和哈罗德之间，我们能构建出这个队列：

弗兰克 — 贝蒂 — 沃尔特 — 哈罗德 — 多丽丝 — 伊妮德

用第一节的话来说，这是一个有序但是没有方向的序列。我们可以指定伊妮德是队列中的第一个成员来给定一个方向，但只有"介于"不会赋予序列方向性。类似的，我们可以讨论时间的"介于"关系，并通过它来给时间或者时间里的事件排序。考虑下面两个事实：

（a）信的收到介于水开了和阿尔夫去上班之间。
（b）水开了在信收到之前，信收到在阿尔夫上班之前。

因为（b）隐含着（a），我们自然假定（b）是更基本的事实，一般来说都是假定关于先后的事实决定了介于的事实。但由于（a）的成立完

全独立于意识的状态，所以，让我们暂时接受（a）是更基本的事实，
216 而（b）依赖于两种意识的状态：一种是体验，另一种是体验的记忆。

追随这个思想，假设这是理所当然的：如果 e 是对某些事件的体
验，m 是这种体验的记忆，那么根据心理的关系，e 早于 m。现在让我
们考虑一些非常不同的不可感知的事件 —— 称之为 d —— 并且让我
们假设 e 发生在 d 和 m 之间。现在，虽然 d 既体验不到又记不住，我
们仍然能够推出它是早于 e 和 m。最后，考虑另一个不可感知的事件 f，
并假设 m 发生在 e 和 f 之间。那么，我们能推出 f 比 e 和 m 都晚。因而我
们也能推出 f 比 d 晚。所以，给定一些可感知的事件（因而它们也是能
记忆的）之后，只需要简单给定"介于"关系的信息，我们就能知道
两个不可感知的事件，一个先于另一个发生。这就让我们定义如下的
"早于"关系：

> 修正了的时间顺序的心理学分析：A 早于 B，当且仅
> 当存在一个体验 e 和这个体验的记忆 m 满足下面任意一个
> 条件
>
>   （i）A 和 e 同时，并且 B 和 m 同时，或者
>
>   （ii）A 和 e 同时，并且 B 介于 e 和 m 之间，或者
>
>   （iii）B 和 m 同时，并且 A 介于 e 和 m 之间，或者
>
>   （iv）A 和 B 介于 e 和 m 之间，并且 A 介于 e 和 B 之间，或者
>
>   （v）e 介于 A 和 B 之间，并且 B 介于 e 和 m 之间，或者
>
>   （vi）A 介于 e 和 B 之间，并且 B 介于 e 和 m 之间，或者
>
>   （vii）B 介于 A 和 e 之间，但是 m 不介于 e 和 B 之间，或者
>
>   （viii）A 介于 m 和 B 之间，但是 e 不介于 A 和 m 之间。

这很难说是个简洁优美的分析。但是，它表明A早于B的事实是有可能依赖于意识的，而不用隐含着A或B必须是可感知的，或者"早于"的判断不知什么原因是主观的。这只是观点的问题。为了让这个分析起作用，我们必须认识到时间关系"介于"是完全独立于意识的。然而，使时间有箭头的正是意识。

不过，这个分析可靠吗？有一个问题。假设莫妮卡有体验a，因而对这个体验也有记忆b。根据修改了的心理学分析，这就得出a先于b。现在取另外两个事件（它们的性质等会儿才知道）c和d。c的位置在a和b之间，b在c和d之间。根据心理学分析，c必定先于d。现在让我们披露c和d的性质：其中的一个是诺曼的体验，另一个是诺曼对这个体验的记忆。但哪一个是体验，哪一个是记忆呢？如果心理学分析是正确的话，因为我们已经知道c先于d，所以必定是c是体验d是记忆。但为什么结果应该这样呢？有什么东西阻止d成为体验而c成为记忆的呢？换句话说，为什么根据莫妮卡得到的顺序不能和诺曼的相反呢？诺曼的意识状态不是由莫妮卡的意识状态所决定：他们是相互无关的。并且，如果时间的顺序依赖于意识，那么，除了意识之外，就没有什么东西能决定意识状态的顺序，那也就没有什么东西能阻止不同的意识强加给宇宙以不同的顺序。但是，如果我们允许这点，我们就不得不说时间的顺序不只依赖于意识，实际上是和个人的意识相关的。所以，我们修正的心理学分析将变成：

时间顺序的相对心理学分析：对一个人来说A早于B，当且仅当这个人有个体验c和这个体验的记忆m，满足下面的任一个条件。

(i) A 和 e 同时，并且 B 和 m 同时 ⋯⋯（和前面一样）。

可这简直不合理。而且，除非因果的和热力学的箭头同样和个人意识相关（可以肯定的是，至少假定第二个箭头有这种相关性是没有意义的），否则在心理学箭头和其他箭头之间也就没有什么对应关系。

于是，现在正是考虑因果箭头是最基本的时候了。

时间的种子

莎士比亚的《麦克白》的第一幕中，苏格兰国王的两位将军麦克白和班柯在从战场回来的路上遇到了会算命的三姐妹。女巫欢迎麦克白，说他已经成为考特爵士，并且将来某个时候会成为国王。班柯看到他的同伴对这个奇异的预言"听得出了神"，就对三个姐妹说[1]：

> 要是你们能够洞察时间所播的种子，
> 知道哪一颗会长成，哪一颗不会长成，
> 那么请对我说吧；
> 我既不会乞讨你们的恩惠，
> 也不惧怕你们的憎恨。

为什么班柯要说"时间的种子"而不是简单地说成"还没有发生的事情"呢？是的，也许对莎士比亚和他的那个时代来说将来的概念是没

---

1. 译文摘自《科利奥兰纳斯、约翰王、麦克白》（朱生豪译，上海古籍出版社，2002）。

有意义的。所以，它如何能奇妙地被那些有特殊天赋的人观察到，看来是无关紧要的。人最想做到就是从现在的原因推出将来要发生的事情。而这些原因正是时间的种子，历史的发生器。那么，让我们看看能不能从事物的因果关系中生成时间的顺序。

我们能用因果顺序定义时间的顺序吗？时间顺序的因果分析最简单的说法是：

> 时间顺序的基本因果分析：A在B之前，当且仅当A是B的一个原因。

现在清楚的是，因果分析能回答一些问题，至少是我们提出的关于时间箭头的某些问题。因果分析使得因果箭头成为三个箭头中最基本的[219]一个。原因先于它们的结果是因为"早于"是用因果关系定义的。而且这也解释了为什么体验先于这些体验的记忆：这些体验是生成记忆的原因，因此根据时间顺序的因果分析，它们必须先于它们的记忆。它能解释为什么因果和热力学的箭头（一般来说，但不一定是始终如此）指向同一个方向吗？是的，光靠因果分析得不到这一点，但如果我们承认因果关系涉及能量的传递，而这样的传递趋向于增加熵，那么，这两个箭头一般都指向同一个方向。并且，因为方向，从更早到更晚，定义为从原因到结果，所以宇宙稍晚点的状态趋向于表现出比稍早的状态更多的熵。所以，以因果箭头作为最基本的箭头有助于解释其他两个箭头的时间方向。但它还能得到更多，它也能解释为什么我们不能感知将来。因为感知某个东西是生命体受这个东西因果影响的一种方式。所以，根据因果分析，一个感知的东西始终是发生在这个人感知它之前。感知将来是一个逆向因果关系的例子 —— 结果出现在它的原因之前 —— 这正是因果分析所排除的。因此，时间顺序的因果分析很有希望成为一个有力的工具，但它也有一些难以克服的缺陷。

问题的出现是在我们考虑两个没有因果关系的事件的时候。因果分析告诉我们，它们不能用"早于"这个关系连起来。这样就产生两个问题。第一，是一个一眼看得出的缺陷，不同时的事件确实有可能不是因果相关的。在遥远的星系里，真的发生过以前一直对我们没有影响，将来也不会有，但是仍然处在我们的过去的事件吗？第二，基本的因果分析告诉不了我们，没有因果联系的事件是同时还是在时间上完全无关。但是，任何完备的时间顺序的理论都需要能区分这些非常不同的可能性。

220　　第一个缺陷，一个事件能够早于一个没有因果联系的事件，可以通过用因果的可连通性代替实际的因果联系来解决：

　　　　时间顺序的模态因果分析：A早于B，当且仅当A可能是B的一个原因。

"模态"在这里的意思就是指引入了可能性的概念。根据这个分析，关键的问题不是两个事件之间有没有一个实际的因果联系，而是它们之间可不可能有一个因果联系。如果可能，那么起到原因作用的这个事件就发生在前。但从基本的分析转到模态的分析充满着危险。求助于可能性是会产生问题的，因为可能性不只一种。最弱的一种是逻辑上的可能性，我们可以将其定义为不包含矛盾的东西。比如，我不靠其他东西的帮助能在空中跳到20英尺，在逻辑上是可能的，但我能阻止我自己的思想，在逻辑上是不可能的。可能性更严格的概念要考虑参照实际情况中的特定因素。例如，考虑到引力定律和我实际的身体条件，我不可能在空中跳到20英尺高。所以，哪种可能性适合于因果的分析呢？如果我们选择最宽泛的可能性概念，即逻辑的可能性，那我们面临着矛盾。无论两个事件A和B如何相关，A在逻辑上可能是B的原因之一，B也可能在逻辑上是A的原因之一（虽然这两种可能性不能同时实现）。因而可以从模态的因果分析推出A既早于又晚于B。但是，像下面那样来限定可能的因果性也不好：" A在B之前，当且仅当在给定它们的时间关系后，A是B的原因之一。" 因为这就破坏了因果分析的立足点，它使得时间的关系决定了因果关系，而不是相反。而且，如果有某个更基本的关系来决定A是否是B的原因，那么，倒不如直接引用这个关系，而去掉多余的因果关系。所以，引进 ²²¹可能性也得不到什么东西。

平行的原因

在介绍另一种更有希望的因果分析之前，让我们更仔细地考查第二个缺陷，即基本的因果分析没有提供方法区分同时的事件和时间上没有联系的事件。也许，在某种特定的情况下，我们能用因果来区分这两种可能性。考虑图26中的两个事件序列。箭头表示着因果联系，所以在第一个序列里，A导致了B，B导致了C，如此等等。在第二个序列中，α导致了β，β导致了γ，如此等等。但第一个序列中没有一个事件和第二个序列中的任意一个事件有因果上的联系。根据因果

分析，C 先于 D，γ 先于 δ。但 C 既不先于 γ，也不晚于它，并且我们
也能进一步推出 C，比如说不和 γ 同时。因为如果是，那么先于 C 的
B 将会先于 γ。但我们刚说过 B 跟 γ 是因果无关的，因此也就不能先
于 γ。那么，根据基本的因果分析，这两个序列在时间上是不相关的。

$$A \rightarrow B \rightarrow C \rightarrow D \rightarrow E \rightarrow F$$
$$\alpha \rightarrow \beta \rightarrow \gamma \rightarrow \delta \rightarrow \varepsilon \rightarrow \xi$$

图26 平行的因果序列

然而，尽管我们能够在这个例子中用基本的因果理论来区分同时
性和时间上的无关性，但是，我们不得不去求助于这种完全是偶然的
情况，即每一个序列包含了多于一个的事件。要是只有两个事件，其
222 中一个和另一个没有因果关系呢？如果因果的解释是充分的解释，那
它就应该告诉我们这两个事件是否是同时的。

考虑一个非常不同的例子（图27）。这个例子中的宇宙包含了一
个相交的因果序列。这里 F 和 ξ 共同导致 Z，那 F 和 ξ 间是什么关系
呢？它不可能是同时的，因为上面给出的原因。如果 F 和 ξ 是同时的，
那 E 就会先于 ξ。而这是因果分析所排除的，因为它使得一个更早的
事件成为一个原因。所以，根据因果分析，结果是上面的结构是时间
自身沿过去方向的分支：两个时间上无关的序列相交形成了一个序列。
但这不是我们希望的结果。由此可见，我们的宇宙包含许多这样分支
的因果序列：最初彼此无关的一些序列交于某一点，然后生成单个的
事件序列。这个序列又生成分叉的彼此无关的因果链。我们自然不希
望说这就意味着时间本身表现出一种分支的结构。

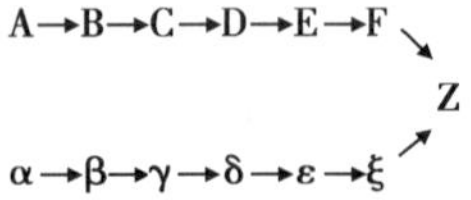

$$A \rightarrow B \rightarrow C \rightarrow D \rightarrow E \rightarrow F \searrow$$
$$Z$$
$$\alpha \rightarrow \beta \rightarrow \gamma \rightarrow \delta \rightarrow \varepsilon \rightarrow \xi \nearrow$$

图27 相交的因果序列

迄今为止思考的所有问题，都能简单地通过允许因果论者明确地求助于同时性的关系来解决。就像下面因果分析的变体一样：

> 时间顺序的增强因果分析：A早于B，当且仅当A和B的一个原因同时。

因为每一个事件都和自己同时，所以如果A正好是B的一个原因，它也满足上面早于B的条件。这个新的分析方法允许（某些）因果无关 [223] 的事件在时间上是相关的。它也允许因果论者指明在什么条件下，两个事件是时间无关的，即什么时候（i）它们相互间不是同时的以及（ii）每一个都不是另一个的原因。所以，它也允许我们区分分支的因果序列和分支的时间序列。当然，如果"同时"定义为"既不早于也不晚于"，那我们只不过正在偷偷贩卖，我们正企图定义到这个分析方法里的那个关系。但是，只要我们允许多时间序列或分支时间的可能性，我们就不会想把同时性和仅仅缺少"早于"关系等同起来。

时间顺序只是局部的吗？

然而，在分析中引入同时性导致了一个困难。我们在讨论心理学箭头时就已经提出，时间的"介于"关系应该是和"早于"独立的。换句话说，就算不是一些事件早于另一些事件的情况，这些事件在时间上也是可分开的。时间中别的一些不是内在的东西引入了不对称性。所以，因果分析的支持者会争论说，一个没有因果关系的宇宙仍然能是一个存在时间的宇宙，只是没有时间箭头。只有在这个宇宙的某个地方存在因果关系，才使得某些时间早于其他的时间。现在，从基本的因果分析转变到增强的因果分析，部分是为了回应一点：即使两个不存在因果关系的事件，其中的一个也有可能早于另一个，所需要的只是它们都适当地和某些有因果联系的事件相关。但是，一旦承认这一点，那用什么来排除图28中表示的那种可能性呢？图中A和C同时，B和D同时。C是B的一个原因，而D是A的一个原因。因为A和B的一个原因同时，所以，从因果分析可以推出A早于B。但B也和A的一个原因同时，同样也可以推出B早于A。这看起来像是个矛盾，但是，我们不能求助于因果分析来排除这种情况，因为正是因果分析让我们推导出明显有矛盾的结论：A早于B，而B又早于A。我们也不能说B和C的因果顺序多少受到A和D的顺序的限制，因为A和D之间的因果联系独立于B和C之间的联系。我们也不能求助于任何隐藏在时间里的不对称性来迫使这两个因果箭头指向同一个方向，因为这会破坏因果分析。而这个分析意味着没有因果联系，也就没有更早和更晚。

图28 方向相反的因果箭头

一个很有吸引力的办法是承认这个结果，而否认它是一个矛盾。只有当我们假定时间的"早于"是一个全局的关系时，才会出现这个问题。也许时间的顺序只是局部于因果相连的序列，那么我们就允许存在因果隔绝的序列。这些序列里的箭头指向相反的方向。相对于宇宙的这个部分，A早于B。而相对于那个部分，B早于A。只要它们保持隔绝，就不会发生异常。

但是，要是这些相反方向的因果事件不是保持隔绝的呢？比如，假设是图29的那种情况。那么，甚至允许时间顺序仅仅局部于一个因果序列，我们还是会得到一个矛盾：A局部上是早于B，局部上又晚于B。我们还得到矛盾，C既早于A又同时于A。避免这个困难有两个方法。第一个方法最激进，就是放弃同时性的概念。没有同时性，[225]就没有这个问题。于是，我们可以坚持，没有因果关系，不仅没有无方向的时间，根本就没有时间。因为两个事件之间有某种时间关系，就必定有因果联系。所以，比如一个很简单的宇宙，里面只有有限个事件。并且，假设当我们画出所有的因果联系时，我们得到图30。那么，我们可以说A和B都比D和F早，D比F早，C比E早。但是，C和E与A、B、D或F没有任何的时间上的关系。A和B又是什么样的关系呢？是的，虽然A和B都比D早，但它们没有因果上的联系，因而它们之间没有哪一个比另一个早。放弃了同时性后，我们从增强的分析后退到基本的分析。

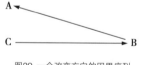

图29 一个改变方向的因果序列

温和点的方法是求助于因果关系的特定事实。特别是下面的事实：

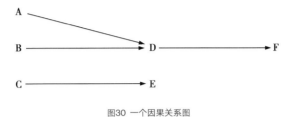

图30 一个因果关系图

　　"介于"定律：如果 B 是因果上介于 A 和 C 之间（如 A
的结果和 C 的原因），那么 B 也是时间上介于 A 和 C 之间。

226　求助于这个定律使得我们可以排除一个序列包含两个指向相反方向
的因果箭头的例子。比如，我们考虑过的一个例子，A 同时于 C，C 导
致 B 而 B 又导致 A，就破坏了"介于"定律。乍一看这个改动好像令人
生疑。毕竟，我们是在试图用因果关系的性质来解释时间的性质，而
不是反过来。但是，如同我们已经指出的那样，说时间的"介于"独
立于因果性和时间的"早于"不独立于因果性并不存在矛盾。然而，
"介于"定律没有禁止不同的和隔绝的因果序列的情况。这些情况里
因果箭头指向相反的方向。除非我们能找到某种不破坏因果分析而又
能解决这些问题的方法，不然，好像我们不得不接受因果分析的一个
推论是，时间顺序仅仅是局部的。

原因可以和它们的结果同时吗？

　　因果分析还是没通过为了接受它所必须通过的全部障碍。然而，
所有因果分析的一个基本要求就是原因在它们的结果之前。但在某
些情况下，原因和结果好像是同时的：比如，一顶王冠放在布垫子上，

立即就压出了凹痕；电流通过一根电线立即就在电线的周围产生一个磁场；火车头开动的同时就带动车厢运动。如果这些真的都是同时的因果关系的实例，那么因果分析也就遭到灭顶之灾。

　　也许这些只是孤立的例子。下面有个观点可以得出所有的因果关系都是同时的：

> 因果关系同时的观点
>
> （1）原因决定了它们的结果，或者这样说，如果原因发生了，那么它的结果不可能不发生。
>
> （2）如果原因和结果间有时间空隙，那么原因就不能决定它们的结果，因为会有某个事件处在空隙处，拦截结果的发生。
>
> 所以
>
> （3）原因和结果之间没有空隙。
>
> 所以
>
> （4）原因和它们结果是同时的。

227

这个观点的结论使人不安，因为好像它和时间上延伸着的因果链的概念不相容，因而和更早的事件与更晚的事件是因果相关的思想也不相容的。但是，这个观点是失败的，尽管看起来有些道理。我们可以攻击第一个前提，坚持因果关系实际上是非决定性的。但主要的缺陷是从第一点推到第二点。如果结果紧挨着原因发生，就没有空隙。

　　至少有一些例子表明原因和结果同时发生会导致矛盾。比如，搅动放在一杯咖啡里的勺子使咖啡凉下来。不过，根据热力学第二定律，这样做的同时勺子本身会被加热。假如勺子是在时刻 t 放进咖啡，而咖啡在时刻 t' 凉下来。勺子被加热的一个本质原因是它在 t 时刻的温度。那么，假设勺子 t 时刻温度为 20℃。在时刻 t' 它一定要大于 20℃，因为冷却咖啡的时候它的温度要升高。如果 $t = t'$（即如果在这个例子中因果是同时的），那我们就得到矛盾，勺子在 t 时刻既是 20℃ 又大于 20℃。另一个例子是台球的碰撞。一只红色球，正在以某个速度通过台球桌，然后在 t 时刻撞上了静止的黑色球，使黑球在 t' 开始运动。红色球在 t 时的动量我们记做 m。这个动量正是黑球获得一个非零动量的部分本质原因。但是，红球为使得黑球获得动量，它自己必定会丢失动量。所以，红球在 t' 的动量小于 m。t 和 t' 相等的结果就是一个矛盾，即假定因果是同时的，红球的动量在同一时刻既等于 m 又小于 m。这里，起作用的一般原理就是当一个物体引起其他东西的一个变化时，它自己的状态肯定也会变化。

228

那我们上面举出的显然是同时的因果关系的例子又怎么样呢？它们也是合理的啊。当然，因果论者将会抵制只把这些例子看做是真正的同时因果关系。否认不了的是，我们提出的是两个同时的状态或过程。王冠放在布垫上和布垫出现凹痕是同时的。火车头的运动和车厢的运动也是同时的。但同时的过程，甚至是有因果关系的同时过程，并不意味着同时的因果关系。这些过程有不同的部分：火车头在 10 点的运动和它在 10 点过 1 分（甚至是刚 10 点过一瞬间）的运动是截然不同的两个状态。王冠在早餐的时候放和它在喝茶的时候放也是两个不同的状态，即使它一直没有改变过。这些不同的状态有不同的结果：是火车头在 10 点的运动使得火车头经过信号塔，而不是它在 10

点过1分的运动。是在早餐时而不是在喝茶时放王冠，使得我在早餐的时候看见王冠，所以，通过反思下面对它们的重新描述，我们能抵制住把这些例子说成是真正的同时因果的诱惑：火车头在时刻 t 的运动是车厢在 t 之后的一瞬间运动的原因，在 t 时刻放王冠是 t 之后的一瞬间布垫下凹的原因。为了表明这确实是对这些例子正确的解释，让火车头突然停下来，那么，车厢是立刻停止运动吗？不，惯性使它继续运行一小段距离，稍微推挤着火车头。把王冠从布垫上拿起，凹痕是立刻就消失吗？不，布垫只是渐渐地弹起。

无方向的宇宙中方向的意义

229

好像因果分析的方法已经抵住了抛给它的一些反对意见。但是，这章第一节的末尾我们还留了一个悬而未决的问题。我们说一个有序的序列不一定是一个有方向的序列。我们可以给整数序列排序，但我们不能认为这个序列朝一个给定的方向排列——比如说，只从最小到最大，而不能从最大到最小。现在时间顺序的因果理论就是这样的一个排序的理论。它说明了什么使得一个事件早于另一个事件。但是，我们倾向于假定时间的方向不止如此：时间的方向就是从早到晚。所以，是什么使得时间的方向偏向这个方向的呢？我们将通过考查这个问题的两个很不一样的回应来结束这一章。

我们在第8章看到，把事件在时间里排序不只一种方法。通过"早于"关系排序的事件构成了一个B序列。但事件也可以排成一个A-序列，也就是用它们的过去性、现在性和将来性。我们观察到A-序列的位置是变化的，以致以前是将来的变成现在，然后变成永远的过去。并且，这是时间流逝的基础。所以，也许我们在时间箭头的讨论中所缺失的东西就是时间本身的流逝。我们能争辩说，正是"现在"从更早的事件运动到更晚的事件才给了时间一个偏爱的方向。

　　暂时先把第 8 和第 9 章中讨论过的由 A- 序列引起的困难放在一边。我们要问的是，时间的流动是否真的有助于我们理解时间箭头。这种想法直观上看来是吸引人的：我们设想"现在"在时间轴上沿一个给定的方向移动。但是，是什么使得现在朝将来而不是朝过去运动的呢？当然，有个不证自明的回答是，将来正好定义为"现在"运动的方向。所以，让我们换种方式提出这个问题。假设 ABCD 表示一列事件，顺序正好是它们发生的顺序。什么东西保证我们说"现在"从 A 运动到 D，而不是从 D 运动到 A 呢？我们只能用时间的话来回答这个问题：根据时间的顺序，A 先发生。也就是，非常简单，A 早于 D。但如果这就是解释，那就很难明白对于方向而言，A- 序列解释了 B-序列解释不了的东西。如果 A- 序列存在，那么，事件在 B- 序列中的位置就依赖于它们在 A- 序列中的位置，所以 A 早于 D 只能依赖于 A 是过去 D 是现在这样的事实。这肯定是对的。但是，B- 序列对 A- 序列的依赖性不能说明方向的问题。因为我们不能把方向说成是时间流动的方向却不借助于顺序的事实，而顺序用 B- 序列来表示和用 A- 序列来表示差不多。

　　让我用一种不同的方法来处理这个问题。如果事件真的有 A- 序列的位置，那么这些位置是变化的。因此，为了给出时间流逝的完整描述，我们不仅要描述在任意给定时刻事件在 A- 序列中的位置，而且要描述它们在其他时刻的位置：

　　（i）A是现在，B是将来，C是将来

　　（ii）A是过去，B是现在，C是将来

　　（iii）A是过去，B是过去，C是现在

所以，为什么现在从A运动到C，而不是相反，这个问题的答案是"现在"从（i*）运动到（iii*）：

　　（i*）（i）是现在，（ii）是将来，（iii）是将来

　　（ii*）（i）是过去，（ii）是现在，（iii）是将来

　　（iii*）（i）是过去，（ii）是过去，（iii）是现在

但是，现在我们不得不问为什么"现在"从（i*）运动到（iii*），而不是相反。可以一直这样问下去，我们的问题不可能在哪一步得到一个圆满的答案。很显然，更好的做法是首先不要从这个没有结果的问题入手，而只是说A先成为现在是因为A比B和C都早。

　　这些反思把我们引向更为激进的思想：也许我们在这个难题的讨 [231] 论中所要寻找的东西，终将证明是不存在的。我们一直假定一个仅仅有序的序列和一个有向的序列间存在差别。而我们发现如此难以捉摸的正是方向性。但要是不存在这样的差别呢？换句话说，要是时间的方向只不过是"早于"关系的不对称性呢？是的，这个关系的不对称性本身解释不了为什么原因发生在它们的结果之前，为什么无序要增加，以及为什么记忆总是在相关的经历后形成。但是，也许在这一切下面有个更基本的事实，即因果关系的逻辑不对称性：如果a是b的原因，那么b不可能是a的原因。如果"早于"关系能还原为更基本的

因果关系,那我们不仅能解释为什么原因发生在它们的结果前(根据定义它们如此),我们也可以解释(也许可以合理地论证这点)为什么无序会增长,为什么记忆在体验之后:通过求助于这些过程都是因果过程的事实。所以,时间的方向正是因果的方向。不过,有人会反对说,虽然我们可以解释为什么从早到晚的方向也是从原因到结果的方向,但我们解释不了为什么时间的方向是从早到晚,而不是从晚到早。对这个问题的回复是:我们不必说有一个首选的方向。继续坚持时间在这个意义上一定有个方向,就有点像说所有的山实际上向上走,绝不会朝下走一样。

　　和空间的类比也许有助于我们发现最后一根救命的稻草。虽然对山来说上下都是一样,但我们对它们的体验也许不一样。因此,我们能体验到一座山是向上而不是向下,或者相反:这只是依赖于我们从什么地方开始。所以,或许时间也是这样:我们只不过是体验到它朝一个方向。但是,如果没有时间方向只有时间顺序,那我们对方向的
232　明显的体验不正是需要解释的这个问题吗?我们不能满足于"不存在方向:我们只不过是体验时间时,感觉好像有方向";我们不得不解释在一个无方向的世界里我们对方向的感觉。这正好是韦尔斯[1]的《时间机器》中的主人公在和他充满疑问的朋友交谈时的困难:

　　　　"很清楚,"这位时间旅行者继续说,"任何真实的物体在四个方向上都有外延:它必须有长度、宽度、厚度和时度。但因为人体的一个弱点……我们倾向于忽略这个

---

1. 韦尔斯(H. G. Wells, 1866—1946),英国作家。他以科幻小说而著名,如《时间机器》和《星球大战》。

事实。四维真的存在，其中的三维是空间的三个平面，第
四维是时间。但是，人有一个倾向，想提取出前三个维数
和后一个维数之间的一个不真实的区别。因为从我们的生
命开始到生命的结束，有时我们的意识会在时间维上沿一
个方向间歇地运动。"

"那，"一个非常年轻的小伙子边说边不时地费力凑到
灯前重新点燃雪茄，"那……确实非常清楚。"

"现在，非常惊奇的是这点居然被如此多的人忽视
了，"时间旅行者继续说，稍微有点兴奋。"这就是第四维
的真正含义，虽然有些谈论第四维的人不知道他们讲的是
什么。这只是看待时间的另一种方法。除了我们的意识沿
着它运动外，时间和空间的任何一维之间没有什么不同。"

显然，这位时间旅行者是一个B理论者：他没有用到时间的流逝。
（虽然，平心而论对B理论者来说，他们听到时间只不过是空间的第
四维时会非常不高兴。换成是A序列，时间和空间的差异也不会全
部消失。）那么，他用什么来解释我们对时间方向和流逝的感觉呢？
它是"我们的意识沿着时间轴的（注意，在一个方向上）运动"。但是，
如果我们的意识真的沿着时间维运动，并且这一点还不是这么显然，
那么，时间旅行者企图消除的东西又被重新引入了。因为除了用时间
来描述我们意识的这种运动，我们还能如何描述它呢？我们的意识过
去在时间的那点，现在在这点。如果允许这样的运动，那么，就真的
有时间流逝，而被时间旅行者热情否定的时间和空间之间的差异又 [233]
出现了。

但是，也许在这种语境中谈论运动只是带有比喻的意味（虽然时间旅行者的朋友不会这样认为），也许我们所说的只是意识在不同时间的不同状态。但这又如何产生了方向（和流逝）的印象呢？再想想体验到"早于"和"晚于"在时间上的不对称性：我们记得过去，感知刚逝去的过去，但对将来没有任何体验或者心理上的痕迹。我们能求助于因果的不对称性来解释这种不对称性。既然从早到晚的这个方向正好是从原因到结果的方向，那么可以推出逆向因果关系是不可能的。而体验到后面的事件将是一个逆向因果的例子，所以这样的体验是不可能的。

最后，我们也许注意到时间顺序的因果分析的一个更有用的特性：如果它是对的，那么它也就解开了一个谜，时间为什么确实也只能有一个方向。因果序列本身必定是一维的。这是事件能够改变和其他事件的因果距离的唯一方法。如果时间顺序只是因果顺序，那么时间也只能是一维。

问题

时间能倒流吗？

如果时间只是意识里的东西，那么为什么它看起来有个方向？

存在原因和它的结果都是同时的情况吗？

综述

"但是,"汤姆说,"假如某个人真的从一个时间走到另一个时间 —— 就像那样 —— 那肯定有什么证据。"

"证据!"艾伦叔叔喊道。这时汤姆认为他又要发火了,但他控制住了自己。"汤姆,如果我连这都没有跟你说清楚,证据 —— 和时间的理论有关 —— 证据!那么,我真的是对牛弹琴了。"很显然,时间和一些黑社会老大一样,你不能证明任何东西。

—— 皮尔斯(Philippa Pearce),《汤姆的午夜花园》

空间和时间是什么?它们是实在的,或者它们只存在于意识中吗?如果它们不依赖于意识存在,那它们是自足的客观实体吗?或者它们是事物和事件间相互关系的集合吗?它们有什么特性,什么来解释它们具有这些特性?有其他不同的时间和空间吗?又比如,它们是无限的呢,还是有限的?如果有限,那它们有界吗?它们是无限可分的,还是由"原子"组成的?时间又如何区别于空间呢?它真的会流逝吗?将来是真实的吗?什么可以解释时间的方向?

这些是我们在前面的章节中试图回答的一些问题。我们在绝大部分的内容里,都是通过研究我们对时间和空间的日常看法所导致的困难和悖论来回答它们。这实际上只是一种研究的开始，而不是一种没完没了的发问。我不想提供一套固定的答案来回答刚才提出的问题。相反，我们在本书的最后这部分是总结前面的讨论，试图把其中的一些思路线索连起来，并提出一些更深入的问题。这些问题和哲学家眼中的人类的意义密切相关。

空间和时间生成悖论的能力是超强的。从这点来看，许多讨论过时间和空间的哲学家都得出结论说它们不是实在的，这几乎没有什么惊奇的。巴门尼德，芝诺（有争议的），康德和布拉德雷[1] 都否定时空的实在性。甚至不怀疑它们存在的亚里士多德也承认，时间和空间引起了如此多的困难，以至认为它们不存在也是合理的。圣奥古斯丁根据他对时间的长期研究探索，得出结论说时间存在于意识里。麦克塔格特论证时间的概念里有一个矛盾。然而，否认时间和空间存在，或者至少是在意识之外，其后果是意义重大的。我们对这个宇宙的许多概念都和它们明显的空间和时间特性捆绑在一起，以致否认这些特性的实在性将意味着，在宇宙本质的研究中我们只不过是在研究自己的意识里含有的东西。康德接受这个结论，他争辩说只有这个才能解释我们如何获得既是先天的（即它的真理性不依赖于特定的经验），又是综合的（即不仅是定义的问题）知识。

我们得到的教训之一就是，空间和时间的实在性不必是要么全有要么全无的东西。我们平常把时间和空间归结为多种多样的特性。总是有可能某个特性是非实在的，而另一个是实在的（条件是这些特

1.布拉德雷（F. H. Bradley，1846—1924），英国哲学家，新黑格尔主义主要代表之一。

性不是逻辑相关的）。比如，我们可以相信空间和时间关系的客观性，而不相信它们度量的客观性。B发生在A之后，C又发生在B之后，这 [236] 不用依赖于意识也可以是真的，也不需要A和B之间的间隔事实上是否等于B和C之间的间隔。根据度量的约定主义的观点，一段时间和另一段时间一样长并不是绝对的，只依赖于特定的测量系统。而这个系统正确与否对约定主义者来说是不合适的问题（虽然能够合理地比较不同测量系统的有效性）。但是，我们在第1章看到，度量的约定主义给我们对物理定律的看法带来严重的后果。比如，如果隐含在速度和加速度的概念中的度量事实上也只是约定的，我们还能认为运动定律也是客观的吗？

假设空间和时间不仅是我们自身在宇宙中的投影，那它们是什么呢？第一个需要考查的是我们对物体的直接体验，因为感知时间和空间的失败赋予了它们非实在性的意义。无可辩驳的是，我们感知到变化。同样无可辩驳的是，我们感知到一些物体和其他一些物体有一段距离。所以，也许让它们存在于这个客观世界，而不是把它们禁锢在意识里的最好策略就是把时间等同于变化，把空间等同于物体间所有空间关系的集合。这分别是时间和空间的相对主义观点。但是，在没有变化的情况下我们好像也能想象时间的概念。这显然意味着时间和变化是两种不同的东西。我们所需要的是某种办法来判定这个概念的正确性。我们可以想到一段时间，而不用同时想到在这段时间里发生的变化。但这不能推出我们能够考虑一段没有变化发生的时间，或者得出这个思想是没有矛盾的。在第2章我们看到了三个有影响的反对时间真空可理解或可能存在的观点。其中最强的一个是求助于这样的思想：时间真空里是没有因果活动的，这就意味着我们不可能有任何 [237]

理由假定它的存在。

空间真空的存在没有那么多的争议。不过，它不是直接就击败了空间是物体间位置关系的集合的观点，因为这些关系和空间存在真空区域并不矛盾。但是，相对主义者的困难是解释虚点在显然为真的陈述中的确切含义。因为如果我们能够参照空间的这些虚点，那么好像它们也应该是自足的物体，而明显不能归结为空间中其他物体的事实。相对主义者通过区分物理世界的真理和抽象的几何真理，也许能够，至少是暂时地躲开这个反驳。对虚点事实的确切含义可以用后者来解释。这些问题都是第3章的主题。这一章里我们也考虑了支持绝对运动的一个观点。这个观点隐含着空间是独立于物体而存在的。

把时间和空间还原成物体和事件的特性，这种想法有吸引力的地方部分在于，确信时空一点都不特别，即像绝对主义者所认为的那样，是自足的物体。在一个空空如也的，因而也没有变化的宇宙里，没有什么东西可以把两个时刻或位置区分开。这样一种没有任何特性的载体（宇宙）实际上解释不了我们观察到的东西，而仅仅是一种理论的抽象。但是，一个独立存在的空间和时间真的是没有特性吗？第4章我们思考了非欧几何的发现对我们理解空间的意义。首先，它削弱了物理真理和几何真理之间的区别，因而加强了存在虚点的主张。其次，空间具有的特定形状（曲率，维数，存在或不存在的边界）对物体如何在空间里运动有着实在的影响。所以，这暗示着空间可能是一个原因，而不仅是一个无能的载体。空间的存在还可以用另一个方法来解释。某些不对称的物体（如双手）的空间属性看来依赖于空间自身的某种全局的属性。

238

现在我们进退维谷。一方面，时空独立于任何具体的物体或事件而存在，这个观点使得我们感到不安 —— 当我们试图想象时间是在完全真空的宇宙中进行时，这种不安特别强烈。另一方面，用谈论物体的抽象方式来对待时间和空间，也不能恰当地处理我们所关心的有关它们的一切东西。有方法解决这个矛盾吗？一个仔细讨论过的折中观点就是把空间看作物体周围以及它们之间的力场。没有物体，力场就不存在，但另一方面，它们是不同于物体的东西，也展现出特定的形状，并可以解释物体在显然是真空的空间里运动的行为。同样，我们不必把时间整个还原为变化。事物状态的集合 —— 也许一些集合中事物状态是不变的 —— 提供了搭建时间的可选择的积木。结合这两个方法，我们把空间和时间描绘为事物（包括具体物体的属性，它们力场的属性以及它们自身和它们力场之间的关系）状态的一个有序的序列。

我们在多大的程度上认为空间和时间独立于它们的内容，将影响到我们对它们有界性（或者无界性）的看法。时间有开端吗？它有尽头吗？空间有边缘吗？我们在第5章指出，"大爆炸"的证据（我们的宇宙发源于这个爆炸）充其量也只是时间有开端的一个可疑的证据。首先，我们所在宇宙的前身可能毁于大坍塌，而大爆炸的假说没有排除它之前可能有一个"大坍塌"。其次，认为宇宙的开端就等于时间的开端，暗地里做了一些有争议的概念上的假设。我们不是说不承认这些假设，而是说它们应该是清楚的，并要加以证明。要是我们不把宇宙的开端和时间的开端等同起来呢？那我们就引入了大爆炸239之前是永恒的时间真空的描述，并解释不了为什么大爆炸正是发生在那个时候，而不是更早或更晚。实际上，大爆炸自己看来也是一个没有原因的事件。但是，因果的异常也隐含在时间和这个宇宙的其他的解释中：如果宇宙没有时间上的开端，而是无限延伸到过去，那什么可以解释它的存在呢？要是时间是循环的，因而没有开端又没有结尾呢？不是最终可以推出每个事件都导致它自己吗？

想象空间有边界和想象时间有开端一样困难。但对绝对主义者而言，这点尤其困难。他们无法用物理宇宙的有限来解释这一点。当我们仔细了解了一个古老的悖论时，我们发现很难知道物体在绝对空间的边缘的行为。但同样，空间无限延伸的思想也会引起智力上的不安。第6章中对这些问题的讨论最终得出空间也许是有限无界的。这个观点比时间的类似观点来说更少疑问。

第5章和第6章关心的是时间和空间的无限延伸性。在第7章我们转向它们的无限可分性。我们直觉上认为，一段时间或空间的一个区域能够分割到什么程度是没有限制的。这个表面上平淡无奇的观点导致了层出不穷的悖论，其中包括芝诺两个著名的运动悖论：阿基里斯和二分悖论。这两个悖论的本质思想是，如果空间和时间是无限可分的，那么任何运动的物体都不得不在有限的时间里完成无限次的动作：即经过无限多个子距离。如果把这些问题简单当作数学难题来处理，它们的答案需要的只是无穷小的概念，但这没有公平对待它们在哲学上的作用和重要性。这些悖论有两个重要的哲学解答：有限论和原子论。有限论者声称，不存在由实际存在的具体物体组成的无限的集合。一段时间和一个空间区域因此实际上不会包含无限多个点。然而，分割一段时间或一个区域的过程可能没有一个自然的极限。这一点证明了我们谈论时间空间的无限可分是正确的。因此这种以空间和

240

时间为例子的无限，用亚里士多德的话来说，只是一种潜无穷。随这个建议的肯定部分而来的问题就是：分割过程没有自然的极限这个事实隐藏着什么，还是一个谜。光说没有什么东西阻止我们继续分割下去是不够的：我们自然想知道，是什么使得我们能够继续分割下去，而这确实是和空间时间的结构有关的东西。潜无穷的学说好像是对这种结构保持沉默的一种劝告。原子论（它和有限论的否定部分相容）没有沉默：它声称存在空间和时间的非零最小元，代表着任何分割的极限。这个理论的优点是能解决一系列的悖论：芝诺的阿基里斯，二分，部分和整体悖论，亚里士多德关于运动的第一时刻和最后时刻的难题，德谟克利特的锥体悖论。应该承认的是，它涉及对平常的变化概念的一个修正，并且需要采用非欧几何。但我们在这个观点里不能找到任何矛盾。

在前面的这些研究探讨中，我们关注的是时间和空间的共同问题。但从第8章开始，我们转向论证时间有别于空间的特性：时间的流逝和方向。虽然这两个特性（也许它们没有本质的不同）都是我们平常随处可见、非常熟悉的，但它们不容易定义。时间的流逝经常用比喻来表示，有代表性的一种就是比喻成一条河。这些比喻的问题就是它们一般地都内含了时间，因此已经预先假设了时间的流逝等于什么东西。在清晰地表达这个概念时有两个思想特别重要：第一是事件变动的过去性、现在性和将来性；第二是事件正在形成，因而加入到实在 [241] 的整个留存中。我们关于时间流逝的许多想法，都被麦克塔格特对事件在时间里排序的两种方法的重要区分所主导：A-序列——根据它们是过去、现在或将来排序；B-序列根据更早和更晚来给它们排序。这里的关键问题是：假定这两种序列包含的事实是一样的，那么，哪一个决定另外一个呢？是A-序列的位置决定B-序列的位置，还是反过来呢？自然的答案是A-序列的位置决定B-序列的位置。但是，这直接导致麦克塔格特的有名的悖论。这个悖论试图表明一个真实的A-序列的概念是自相矛盾的。这迫使麦克塔格特否定时间的实在性。

第8章大致讲述了处理这个悖论的两个策略：一个是现在主义，这个观点认为只有现在是实在的；另一个是时间的B-理论，它认为B-序列比A-序列更基本。现在主义可能更清楚地说出了我们对时间的直觉感受。因为我们很自然地认为过去不再是实在而将来还不是实在。不过，这就面临一些难以克服的困难。首先，它无法清楚地解释如何知道关于过去的陈述是对的还是错的。现在主义者可能求助的一个机制是关注过去留给现在的因果痕迹：他们争论说，是这些现在的因果痕迹使得关于过去的陈述为真。但是，对现在主义者来说，在过去和现在之间存在因果联系又意味着什么呢？其次，现在主义制造了我们理解运动时的困难。第9章的主题，重建的一个芝诺的飞矢悖论产生了下面的一个问题：现在主义者承认这种思想——正在运动的物体肯定一直是在现在运动的。但这不能和一个事实保持一致，即运动本质上涉及物体在现在时刻之外的其他时刻的位置。

242　　至于现在主义者坚持过去的事实由现在的事实决定，那么，我们用一种使人想起《1984》中的奥威尔的可怕方式，好像从这个观点可以推出过去是可改变的。然而，我们在第10章的讨论中得出的一个结论是，现在主义者不承认这个可疑的观点。的确，过去可改变的概念好像不可避免地会导致矛盾。但是，在改变事实和影响它们之间有一个重要的区别。这就允许我们既避免了宿命论者的结论——既然我们不能改变将来，那么我们也不能影响它 —— 也使得时间旅行具有意义，现在的决定对过去的事件有因果的影响。但是，时间旅行是否真的是一个符合逻辑的概念，依赖于我们对时间方向的理解（更多的理解在后面）。

现在主义是时间A-理论的一个提法。它认为B-序列的事实是由更基本的A-序列的事实决定的。不是所有的A-理论者都是现在主义者（我们在上面提到，不是现在主义者的A-理论者将在避免麦克塔格特的悖论时遇到困难）。但是，不管它是否和现在主义结合在一起，A-理论都面临另一个问题。如果空间和时间只不过是我们大脑的产物，像康德认为的那样，那就有足够的理由认为它们都是唯一的：也就是，如果时间和空间是意识的产物的话，就只有一个时间和空间。这个观点不得不解释为这种意思，每一个感知到的物体彼此间都存在空间和时间的联系。但是，要是空间和时间独立于我们的意识存在呢？还有理由认为它们本质上是唯一的吗？这里，唯一的意思是指每一个物体和事件相互间都有空间和时间上的联系。我们在第11章提出，在某些情况下多个空间和时间序列的思想（有点像科幻小说里的"平行宇宙"的思想）用处很大。比如两个情况：为一些宇宙学家所接受的多元宇宙的假说和光的双缝干涉实验。可以论证的是，虽然多元宇宙的思想可能使人感到惊奇，但不会引起任何严重的概念上的困难。[243]不过，多个时间序列的思想不容易和A-理论者的断言 —— B-序列的事实由A-序列的事实决定 —— 调和一致。

我们详细讨论过的，对付麦克塔格特对时间非实在性的证明的第二个策略是B-理论。根据这个理论，现实中没有A-序列，只有一个

B-序列。因为事件在B-序列中的位置不会改变，作为一个推论，也就没有时间的流逝，至少也不是以我们通常认为的那种方式。这就引发许多问题：如果没有A-序列，那像"邮件已经到了"这样的陈述是错的吗？如果没有时间的流逝，那么我们直觉的信念——将来不是实在的——又会怎么样呢？并且用什么来解释事物会变化这样显然的事实，比如一杯茶从热变冷，而不需要茶的热的状态不断退入过去呢？最后，因为方向和流逝是难分难解地缠在一起的，B-理论者如何能解释时间的方向呢？这些问题导致了深奥的问题，在这个讨论中我们只不过触及到这些问题的表皮。但是，下面是从B-理论者的观点给出的一份临时答案的概要：

　　（i）A-序列的事实。尽管现实中不存在一个A-序列，我们还是无可争议地相信A-序列的事实，并且用它们来表达（"列车刚刚离开"，"战争多年前就结束了"，"简姨妈明天就要到了"）。但使得这些信念为真（或假）的是B-序列的事实。因此，如果列车正好是在上午7点钟前离开，而我在7点钟记得它刚离开，那我的信念就是对的。我们不必求助于列车离站的过去性。

　　（ii）将来的实在性。一方面把过去和现在说成是实在的，另一方面又说将来是非实在的，看来在过去、现在和将来之间需要一个实在的区别（不仅是停留在思想里的区别）。因为B-理论否定实际中有这样一个区别，所以从B-理论可推出所有的时间都是同样真实的。（应该指出，一些B-理论者试图通过把非实在性与B-序列的时间相对化，来保留对将来非实在性的一些直觉感觉。所以，在任

244

意给定的时间，后面的事件都是不真实的。这是一致的吗？）

（iii）变化。用B-序列的话来说，变化就是一个物体在一个时刻拥有一种属性，并在后一时刻拥有不同的属性。不管怎么说，因为这是一个完全可信的答案，所以我们需要能够解释同一物体怎么能首先在一个时刻出现，表现出一种属性，然后又在另一个时间出现，表现出另一种不同的属性。如果时间真的像A-理论者认为的那样流逝了，那么物体能通过简单地停留在现在，而从一个B-序列的时刻运动到另一个时刻。但在B-宇宙里这样的运动没有可能。

（iv）方向。用B-序列的话来说，时间有一个方向的事实，正好就是事件构成了一个B-序列的事实：也就是，它们通过不对称的"早于"关系来排序。

最后的这个回答需要一些补充。经验告诉我们时间有一个内在的方向，而空间没有。但是，这实际上指什么呢？它真的只不过是"早于"关系的不对称性吗？空间也有不对称的关系。所以，我们需要更多的东西来解释时间和空间之间的差异。特别地，我们需要能回答下面的问题：为什么我们体验到时间的这个方向是从早到晚呢？为什么时间的箭头和因果箭头（从原因到结果）、心理学箭头（从体验到记忆）、热力学箭头（从有序到无序）指向同一个方向呢？我们在第12章处理这些问题，并且我们的讨论更多地赞成采纳时间顺序的因果分析。如果这个分析是成功的，那么我们就有希望解决许多和时间的方向有关的难题。比如下面：

问：为什么原因发生在它们的结果之前？

答：因为"早于"是用因果来定义的。

问：为什么"早于"关系是不对称的？

245

答：因为因果关系是不对称的。

问：为什么记忆绝不会发生在这些记忆的体验之前？

答：因为体验是记忆的原因。

问：为什么我们感觉得到时间的方向？

答：因为我们记住的是过去，感知到的只是现在（严格地说，是刚刚过去的那一瞬间），但绝不会记住或者感知到将来。

问：那么，什么能解释这些事实？

答：感知和记忆是因果过程。感知或记忆"将来"需要逆向因果关系。

但是，除非所有的事件都是因果相关的，不然因果分析好像隐含着时间有可能在宇宙的不同部分朝不同的方向运行。

那么，说到最后这些问题对人类有什么重大的意义呢？我们对我们自己的看法是和空间、时间以及因果关系密不可分的：我们占据一定的空间，在它里面跑来跑去，我们受变化的影响，是变化的挑动者，我们连续地通过时间。简而言之，我们认为我们自己寄居在时间和空间里。那么，要是我们在研究这个问题时发现，空间和时间不能被认为是宇宙的真实的性质，否则就要出现无法解决的悖论呢？这将对我们对自己的看法产生革命性的影响。特别地，如果是物理的东西就需要占据空间的话，我们将不得不重新评估我们自己是物理存在的思想。

我们也将不得不严肃对待这个思想，我们是无形的灵魂。或者要是相反，我们认为只是空间和时间的一个特性是不真实的，是我们体验的一个性质投射到这个宇宙的结果呢？比如，假设我们认定这种均衡的观点违反我们对时间流逝的普通信念。这又如何影响我们对死亡的看法呢？因为我们通常不是把生命看作是无情地走向毁灭的运动吗（至少在这个世界上）？如果没有这样的运动，那死亡又等于什么呢？什么使得我们相信，我们现在的存在何以比我们过去或将来的存在更真实或有意义呢？如果否认时间的流逝意味着我们称之为将来的和过去的一样固定不变，那么我们还能继续把我们自己看成是自由的寄居者吗？并且，我们认为自身持续存在于时间里，认为不管经受任何变 ²⁴⁶化从一个时刻到另一个时刻我们都是同一个人的看法又会怎样呢？

让我们对最后这一点说得更多一些。我们注意到B理论的一个问题是解释同一个物体怎么能出现在不同的时刻，而这个问题不是说，物体以何种方式从一个时刻运动到另一个时刻，因为这隐含着时间自己是流逝的。从正面来解答这个问题。现在让我们第一次引进这样激进的思想：也许同一个物体不能位于不同的时刻。我们通常认为是同一个的物体，连续地存在于时间中，实际上是一系列不同的物体（虽然非常相似），每一个在它们自己的时间里都是凝固不变的。于是，变化就是不同（但是适当相关）物体的相异的和不相容的属性。也许想象这点的最好方法就是认为时间是空间的另一维，并且把物体在时间里确切的持续存在当作是在第四维的延伸。那么，我们想象一个四维的物体，它的不同组成部分位于这些四维空间的不同地方。虽然我们可以把其中三维的不同部分看作不同的物体，但第四维的不同部分感觉起来却像是同一个物体在时间轴上运动。在这种描述中有着很多的误导。时间不只是空间的第四维，B理论者也不必这样说。但是，这个描写仍然给了我们一个直观的意义，如果B理论是正确的，我们可能需要在多大的程度上修改我们对物体持续通过时间而存在的日常概念。（同样，一些B理论者再一次不接受我们必须放弃同一个物体持续通过时间的思想。但他们又能提供什么可替代的解释呢？）并且，如果我们确实修改了我们对通常的物体持续经过时间的概念，那我们必定也修改了我们自己持续经过时间的概念。这就意味着放弃我们在不同的时刻是同一个人的想法，就像韦尔斯的时间旅行者提出的那样：

247

> 比如，这里有一个男人在8岁，15岁，17岁，23岁等时的肖像。可以说这些显然都是片断，他四维存在的三维表示。而他的四维存在是固定不变的。

除了时空哲学撞击我们自身概念的这些方法之外，仅仅思考这些困难和抽象的问题就可以开拓我们对这个世界的视野。想到培根传奇的铜头颅，我们可以发现空间和时间之谜使人不安。但是，至少有理由期待部分的解答存在于人类理智的指南针里。

> 可是，天使会在人们熟睡的时候，
> 在一些透亮的梦里呼唤他们的灵魂；
> 于是，超越了惯常主题的一些奇异思想，
> 在光环中隐约可见。
>
> ——H. 沃恩[1]，《他们都去了光的世界》

---

1. 沃恩（Henry Vaughan，1622—1695），英国文艺复兴时期的玄言诗人，其作品包括《闪光的燧石》。

邓恩的梦和其他一些问题

1.邓恩的梦

下面这件事是邓恩在1927年第一次出版的《时间的一次实验》中叙述的。它是邓恩很多类似经历中的第一桩，虽然有一些比这件事还更让人抠脑门。

这事发生在1898年，我当时正住在苏塞克斯郡的一家旅馆。一天晚上我梦到我正和一位服务员争论现在的准确时间是多少。我非常肯定地说现在是下午4点半，他坚持说现在是午夜4点半。所有的梦都有些说不通的地方，所以我不知道为什么就断定我的手表一定是停了。我从马甲的口袋里把怀表掏出来一看，果真是这样。表的指针停在4点半的地方。就这样我醒了……

我划了根火柴想看看表是不是真的停了。使我吃惊的是怀表不是和往常一样放在床边。我从床上起来，四处找，发现它躺在抽屉里。非常确定的是，它已经停了，而且指针正好停在4点半。

答案好像非常明白。表一定是在昨天下午停的。我一定注意到它停了，然后忘记了这件事，最后又在梦里想起来。我对这个解释感到非常满意，重新让表走起来。但我不知道真正的时间，所以就让它从停止的时刻开始走。

第二天早上我下了楼，直奔最近的时钟，想把表对准。因为表是像我以为的那样在昨天中午就停了，并且还在昨晚不知什么时候重新上了发条的话，很有可能表已经差了好几个小时了。

但使我非常惊讶的是，我发现指针只慢了二三分钟——差不多正好是我从梦中醒来到重拨手表所经过的这段时间。(*Dunne 1934*, 41～43)

需要思考的问题是：斜体部分的那句话有什么重要的意义？假如整件事纯粹是一种巧合，那么指针在梦中的位置和实际中的位置完全一致有多大的可能？假设可能有某种过程使得他在睡觉的时候看见了指针的实际位置后，邓恩加了下面的评论：

甚至假设存在某种未知的射线能导致透视力，因而产生视觉——我不相信——这只表也应该在我眼皮上面我才能看见啊。有哪种射线能够拐弯绕角呢？(*Dunne 1934*, 43)

这桩经历还有别的解释吗？它会是那些东西的结果吗：将来的实在性，时间的A理论，时间顺序的因果理论？

2.测量时间

圣奥古斯丁是神学家和北非的希波主教。他的自传《忏悔录》有很长的一章是关于时间的本质。他思考的一个问题是，我们是否在测量以及如何测量时间的流逝：

> 当我说我能测量时间的时候，我的灵魂对你说的是事实吗？我确实在测量它，但我不知道测的是什么东西。我用时间来测量物体的运动。这不就意味着我在测量时间本身吗？物体在时间里运动，如果我测量的不是这个时间的话，我还能测量一个物体的运动，即测量它的运动持续了多长时间或者物体在这两点间运动花了多少时间吗？（*Augustine 398*, 274）

不管怎么说，还有一个困难：

> 如果它不是存在，或者不再存在，或者它没有长度，或者没有开端和结尾，我们就无法测量它。所以，我们测量的既不是将来、过去和现在，也不是正在流逝的时间。可是，我们又确实在测量时间。（*Augustine 398*, 275）

用稍微有点不同的话来说：我们在测量时间的时候显然是在测量某种存在的、有长度的东西。但是，过去和将来都不存在，"现在"也没有长度。而时间剔除了过去、现在和将来之后就什么都不是。那么，我们正在测量什么呢？（奥古斯丁自己的观点是时间全是意识的东西。

这就解决了问题吗？）

3.没有方向的世界？

努力设想一个绝对没有任何事情正在发生的世界，也永远没有什么发生过或将要发生。如果这样的一个世界存在时间，那么什么给时间以方向呢？或者时间在这个世界里就没有方向吗？没有一个方向，时间能存在吗？

4.不同的算术

想象有一个世界里2+2=5。那么，和存在不同但一致的几何一样，那里存在不同又一致的算术吗？

5.第四维的表示

在韦尔斯的《时间机器》里，时间旅行者正在向不相信他的朋友解释他确信可能实现时间旅行的理由。他从讨论空间的性质开始：

251

> 空间，就像我们的数学家所说的那样，据说有三个维数，可以称之为长度、宽度和高度。它们总可以通过彼此间成直角的三个平面来确定。但一些哲学家有疑问的是为什么只有这三维 —— 为什么没有另外一个方向和这三维直角相交？ —— 他们甚至试图构造一个四维的几何。纽科姆教授就在大约1个月前向纽约数学学会详细解释了这

一点。人们知道如何在一个只有二维的平面上表现一个三维的实体。同样他们也认为能通过三维的模型来表示一个四维的物体——如果他们能掌握四维物体的透视法的话。明白了吗？

我们能以和二维图形表示三维物体的同样或类似的方法用三维模型来表示四维物体，这个想法还有什么可疑的地方吗？

6.站在时间起点的阿基塔

"不管我们把什么事件当作第一个事件，逻辑上总是有可能得到在它之前还有一个事件。但这种可能性要求第一个事件之前存在时间。所以，时间本身没有起点。"这个推理有哪个地方错了吗？

7.德谟克利特的骗术

回忆一下德谟克利特的锥体悖论：取一个锥体，把它水平切成两半，然后比较露出的两个面的面积。如果它们相等，那么锥体就不是一个锥体而是一个圆柱；如果不等，那么锥的斜面就不是光滑的，而是阶梯状的。下面这个说法如果有错的话，又错在哪里呢："这两个面积是相等的，因为它们是同一个面；我们认为有两个面只是因为这个面给出了两个不同的表示"？

²⁵² 8.扁平人的例子

在韦尔斯的另一本书《扁平人的故事》里，校长普拉特纳正在学校的化学实验室里做实验。实验发生爆炸后，普拉特纳失踪了几天。他回来之后，整个人都奇怪地翻转过来了：他的心脏现在在他的右手边，原来他脸上那半边的特征变到了另半边，并且他从左到右写字有困难。如果没看过这本书，你猜猜这个不幸的普拉特纳身上发生了什么事情呢？

9.难以捉摸的现在

假设下面都是对的：

（ⅰ）时间是无限可分的，所以在任意两个时刻间总是存在第三个时刻。

（ⅱ）过去存在一个最后时刻 —— 换句话说，有一个过去的时刻，没有哪个过去的时刻比它更晚。

那么，哪一个时刻是现在？

10.值得怀疑的成功

在第11章的开头讲的那个坛子的例子中，我们求助于一个原理：在其他条件都相同的情况下，使得我们的观察更可能的假设比更少可能的假设更受我们的偏爱。但如果我们在一个有很多人参加的抽奖活动中抽中了累积大奖，我们也不会倾向于假设这次抽奖一定是莫名其妙地受到了我们愿望的操纵，尽管这比认为获奖者的选择是真正随机的更有可能抽中奖。那么，这就表明这个原理也是有缺陷的吗？

11. 无穷回归

第一级变化是事物普通属性的变化，比如一杯茶冷下来。这些变化简单地称之为"事件"。第二级变化，假如存在的话，就是指这些事件本身不再是现在，而变成越来越远的过去。第三级变化又是什么呢？第一级变化导致了第二级变化的存在吗？第二级变化又产生了第三级变化吗？等等。

12. 时间有二维吗？

如果时间真的在流逝，它就是一种运动形式（因为过去的事件一直背着我们离得越来越远）。但是，运动是某种我们通过时间来测量的东西。在哪种情况下，我们能够说5分钟的消逝花了多少时间呢？这个问题的唯一答案好像是这5分钟的消逝花了5分钟：那么深奥难解的时间流逝之谜就是这样令人失望的索然无味的东西吗？肯定还有更好的解答。如果我们想找到"5分钟的消逝花了多长时间"的不平常的答案，好像我们需要求助于另一维，通过它来测量时间里的运动。这第二个维数不能是空间中的一维，因为任意长短的时间的流逝根本无须涉及穿过空间的运动，所以，这就导向了第二个时间维数的思想。因为我们需要能够分别谈论这两个维数，所以我们把第一个，更熟悉的那个记做T_1，第二个记做T_2。

现在我们对时间流逝的图画看起来像图31。y轴表示是T_1上的位置（我们常用来测量这个世界里的变化），比如13.00小时。x轴表示T_2的位置（我们用来测量T_1里的变化）。那根可变的斜线画的是从位于坐标的原点（两根轴的交点）的特定事件开始的"现在"的流逝。所以，当现在是T_1上的13.00个小时的时候，T_2上就是10.45个小时（T_2的单位）。这样，我们就能看到在某段时间之后，在再次加速之前，时间的流逝变慢了（也就是同样长度的T_1里的时间需要比前面更多的T_2里的时间）。

254

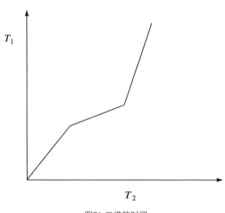

图31 二维的时间

解决问题的这种法子确实有效吗？我们能通过求助于另一个维数来解释时间的流动吗？二维的时间能提供一个方法来解释时间是如何倒流的吗？

进一步的读物

1.时间的测量

Sobel（1996）记叙了一个追求计时精确度的很吸引人的故事，讲的是哈里森（John Harrison）在1727和1773年之间坚持不懈地寻求设计一台在海上也十分精确的时钟（因此水手能计算他们的经度）。O. K. Bouwsma的书有Westphal和Levenson（1993）的重印本。对关于度量约定论的经典辩护见Reichenbach（1958）。Newton—Smith（1980，第Ⅶ章）对约定论和客观论者之间的辩论做了一个很有用的介绍，清楚地阐述了对不可知的事实的威胁的回答，并提出了一个新颖的解决方法。而对度量的不同观点和运动定律之间联系的讨论见Van Fraassen（1980，第Ⅲ章第2节）。

2.变化

亚里士多德对时间和变化关系的处理，他对时间的定义，都能在他的《物理学》（第Ⅳ卷：Hussey，1983）里找到。对亚里士多德的描述的一个有帮助的讨论见（Lear，1983）。至于莱布尼茨对时间的观点，可以看他和克拉克的通信集（Alexander，1956）和他的《人类理智新论》(*Remnant* 和 *Bennett*，1981)。*Shoemaker* (1968) 设计了一个很有名很吸引人的思想实验来表明证实主义者对时间真空概念攻击的缺陷。对这个实验的一个讨论和延伸，参见 (*Newton—Smith*，1980，第 II 章)。*Lucas* (1973) 还讨论了没有变化的时间的可能性的另一个论证。时间相对论的详细讨论见 *Hooker* (1971)。对任何想要用可行的事件来分析时间的人来说，*Butterfield* (1984) 是有益的和必需的。

3.没有边的盒子？

笛卡儿给伊丽莎白和 H. 摩尔的信可以在 *Cottingham*，*Stoothoff*，*Murdoch* 和 *Kenny* (1991) 中找到。一个关于空间理论的非常不错的历史纵览见 *Jammer* (1969)；书中第 2 章系统研究了绝对空间辩论的神学含意。亚里士多德关于虚空的论证参见《物理学》(第 III 卷：*Hussey* 1983)。对亚里士多德和其他古代虚空观点的讨论参见 *Sorabji* (1988)。*Huggett* (1999) 是关于空间的一个经典读物的合集；特别参看节录了亚里士多德的著作并做了解说的第 4 章和摘录了牛顿《自然哲学的数学原理》(包括著名的水桶实验) 并有解说的第 7 章。莱布尼茨对空间和空间里面物体的关系的看法可以再次参见他和克拉克的通信 (*Alexander*，1956)；摘录和解说在 *Huggett* (1999，第 8 章)。*van Fraassen* (1980，第 IV 章第 1 节) 讨论了相对论者和绝对论者间的争论以及它和关于绝对运动的争论的关系。更多的细节参看 *Nerlich* (1994a) 和 *Dainton* (2001)，或者 *Hooker* (1971)。对这个争论的一个非常详细但有难度的研究见 *Earman* (1989)。

4.曲线和维数

对非欧几何的一本浅显易懂的介绍见 *Sawyer*（1955，第6章）。几何的历史参见 *Boyer*（1968），尤其是第Ⅶ和ⅩⅩⅣ章，或者 *van Fraassen*（1985，第Ⅳ章第2节）。非欧几何对相对论者和绝对论者之间争论的意义在 *Nerlich*（1991）和 *Dainton*（2001）中阐述得非常清楚。康德对不全等配对的论证发表在 *Kant*（1768）；一个重印的摘录和解说见 *Huggett*（1999，第Ⅱ章）。*Earman*（1989，第7章）和 *Walker*（1978，第Ⅳ章）也对康德的文章提供了很有用的注解，还有 *Nerlich* [257]（1994a，第2章）对用手征（他用术语对映形态）来重建康德的论证做了一个特别重要的讨论。我书中的说明就是以这为基础的。对手征、它的哲学和科学价值的一个饶有趣味的讨论是 *Gardner*（1982）。

5.时间的开端和结尾

对大爆炸宇宙学的简短介绍可以看 *Hawking*（1986）。*Sorabji*（1983，第Ⅲ部分）讨论了关于创世和时间开端的古代的观点。*Newton—Smith*（1980）使用了数字的比喻来定义时间的开端和结尾，并讨论了很多反对时间开端的论点，包括亚里士多德和康德的。他也仔细考虑了和宇宙的一个起点和终点有关的因果异常。*Moore*（1990）系统研究了康德关于无穷的论证。*Craig，Smith*（1993）对大爆炸宇宙学、哲学和神学之间的相互关系做了一个广泛的、高度辩证的系统研究。书中还包括对康德观点的评价。关于艾略特《四首四重奏》的背景知识参看 *Tamplin*（1988）。*Newton—Smith*（1980，第Ⅲ章）相当详尽地讨论了封闭或循环的时间。至于循环时间的历史根源和历史参见*Sorabji*（1983，第12章）。

6.空间的边缘

    Sorabji（1988，第8章）收集并讨论了阿基塔和其他相关的一些反对空间边缘的观点。他也讨论了超宇宙空间的观点。*Nerlich*（1994b）指出了空间边缘的概念给我们理解运动所造成的困难。至于对康德的第一个二律背反的讨论参看*Broad*（1978，第5章）和*Bennett*（1974，第7章）。而至于亚里士多德对实无穷和潜无穷区别的区分可以阅读下面第7章里给出的参考。使康德从不全等配对过渡到空间理想性质的模糊观点有意义的一个想法出现在*Broad*（1978，第2章）和*van Cleve*（1999）。庞加莱的思想实验出现在他自己的书中（1952）；摘录和讨论见*Huggett*（1999，第13章）。至于封闭空间的讨论参见*Sorabji*（1988，第10章）。

258

7.无穷和悖论

    芝诺观点的原始资料可在*Kirk*，*Raven*，*Schofield*（1983），*Barnes*（1978）和*Huggett*（1999）里找到。至于讨论，可以参看*Huggett*（1999），*Owen*（1957—1958），*Salmon*（1970），*Sorabji*（1983）和*Sainsbury*（1988）。亚里士多德对实无穷和潜无穷的区分以及在芝诺悖论中的应用，参看*Lear*（1988）。汤姆逊灯的原始资料在*Thomson*（1954）。至于讨论，参看*Sainbury*（1988）。也可以参看*Clark*，*Read*（1984），书中驳斥了在一个有限时间内完成不可数个任务的可能性。*Moore*（1990）是格外有帮助的。这本书的讨论范围很广，涵盖了上面的所有内容，对无穷理论做了历史性的全面评述，并为一种有限论做了辩护。跃变悖论的详细讨论见 *Sorabji*（1983）。书的第 V 部分也讨论了古代的原子论。关于这一点的原始资料和解说还可以参考 *Barnes*（1978）和 *Kirk*，*Raven*，*Schofield*（1983）。*Lloyd*（1982，第4章）表明了古代的原子论是如何作为对变化问题的一个回答而得到发展的（问题出在变化显然引入了某种从虚无中创生的东西）。

8.时间会流逝吗？

　　布罗德对时间的观点经历了一个有趣的变化。可以对照阅读他的讨论（1923）（我书中引用的那段话就是从这里来的），他百科全书中的文章（1921）和他对麦克塔格特证明的详尽无遗的讨论。麦克塔格特的证明最初出现在他1908年的书中，但也可以参看他修正了的表述（1927）。*Dummett*（1960）对他的证明做了讨论和部分辩护。对诸如"在过去是现在"之类表达的更严格讨论见 *Lowe*（1987）。主要讨论的是这类表达的合理性和不合理性。*Mellor*（1981）和（1998）提出用符号反射代词来改造。*Bigelow*（1991）用"可能存在的世界"[259]对这个悖论做出了一个与众不同的解答。对它的批评见 *Oaklander*（1994）。现代主义的早期言论在 *Lukasiewicz*（1967）和 *Prior*（1970）中。*Dainton*（2001，第6章）考查了这个学说的不同形式。*Smart*（1980），*Mellor*（1981，1998）和 *Oaklander*（1984）为B理论做了辩护。目前为止，对B理论的最详尽的批评是 *Smith*（1993）和 *Craig*（2000）。也可以参看 *Teichrnann*（1995）。*Oaklander*，*Smith*（1994）的书是关于麦克塔格特观点、B理论和相关问题的一个重要论文集。这里没有讨论的一个问题是A理论和与之关联的将来不是真实的观点同狭义相对论的相容程度。*Putnam*（1967），*Mellor*（1974）和 *Nerlich*（1998）论证了赞成它们不相容的看法。至于调和这两者的想法，参看*Smith*（1993，1998），*Dorato*（1995）和*Craig*（2001）。*Dainton*（2001，第16和17章）介绍了狭义相对论和它的哲学结果。

9.又是变化：芝诺的箭头

关于飞矢悖论的原始资料和解说参看*Lee*（1936），*Barnes*（1982），*Kirk*，*Raven*，*Schofield*（1983）和*Huggett*（1999）。至 于 讨 论 参 看 *Ross*（1936），*Owen*（1957 — 1958），*Vlastos*（1966），*Grunbaum*（1967），*Salmon*（1970）和*Sorabji*（1983）。飞矢悖论最好是用在现在的运动来理解是*Jonathan Lear*建议的，他的讨论也特别有帮助：参见*Lear*（1981，1988）。我书中提到的第二个重建是基于他的解释的（有一些细节的变动）。至于现在主义的讨论，参看上面第8章的文献。

10.干预历史

一本关于日历历史的可读性强的书，包括从儒略历变到格利高里历的记述、它想要解决的问题和导致的后果，有*Duncan*（1998）。*Smith*，*Oaklander*（1995）介绍了有关将来实在/非实在的问题，和它对我们作为一个自由寄居者的地位的意义。*Hintikka*（1973），*Sorabji*（1980）和*Lucas*（1989）讨论了这些古代就出现了的问题。*Lucas*（1989）还辩护了"开放宇宙"的解释的一个提法。关于过去的实在性参看*Dummett*（1969），他为一个"反实在主义者"的解释做了辩护。对本书引用的奥威尔《1984》中的那一段有哲学深度的讨论，参见*Wright*（1986）。关于时间旅行可以看*Harrison*（1971），*Lewis*（1978）（介绍了外部和个人时间的区别，并争论说时间旅行者在每个人都是一个自由寄居者的意义上是一个自由的寄居者），*MacBeath*（1982）（系统研究了时间旅行的因果异常），和*Ray*（1991，第8章）（把时间旅行放在时空物理学的背景里）。对逆向因果逻辑一致性的一个辩护参看*Dummett*（1964），不一致的论证参看*Mellor*（1981, 1998）。*Riggs*（1991）和*Weir*（1988）（他把问题放在一个封闭的、循环的时间背景里来考虑）批评了*Mellor*（1981）书里的论证。

11.我们之外的时间和空间

Leslie（1989）对多元宇宙假说、与它相对的有神论假说以及促成它们的概率推理做了一个不错的、使人易懂的讨论。他也简短地讨论了双缝实验。对这个实验的分支空间的解释是和经常说到的量子力学里的"多个宇宙"的解释密切相关的（虽然对这个解释的正确解读有很多值得考虑的不同意见）。至于量子力学基本原理的一个介绍参看*Lockwood*（1989）。多个宇宙，或"多个意识"的解释是一个讨论会的主题。相关论文（高度专业的）发表在1996年6月的*British Journal for the Philosophy of Science*。分解空间是一篇经典文章*Quinton*（1962）的主题。在这篇文章里*Quinton*提出了一个富有创意的想法，用来表明在特定条件下，我们可以把我们的体验作为空间分解的证据。但他和*Swinburne*（1981，第10章）一样抵制并行的时 [261] 间。尽管如此，他还是以一种同情的心情详细地考虑了它（1962，第2章）。*Newton—Smith*（1980）在对*Quinton*思想实验的讨论中支持

了并行的时间。此外，还有 *Hollis*（1967）。

12.时间箭头

关于时间箭头的一个最近的重要讨论见 *Price*（1996）。这个讨论明确提出清晰地表述时间方向问题的传统方法是过于矫揉造作的，并对一个新颖的因果关系的处理做了辩护。*Sklar*（1981）提出了在时间方向的还原主义理论中哪种还原是合适的问题。他支持理论的还原而不是意义的。对心理学箭头的讨论见 *Newton—Smith*（1980）。*Dainton*（2001）讨论了热力学和因果箭头，也处理了如何解释因果关系不对称性的棘手问题。时间的因果分析在 *Sklar*（1974）的书中受到长篇大幅和详尽的批评。*Tooley*（1997）给出了一个迷人的想法，用将来的非实在性解释时间和因果的不对称性，而仅仅求助于B序列的事实。因果关系在解释我们对时间，特别是对它方向的体验的重要性，在 *Mellor*（1981，1998）讲得很清楚。关于维数问题：*Schlesinger*（1982）提出了时间流逝的一个二维模型，*MacBeath*（1986）评论了这个模型。一个有独创性的讨论，也可算作是二维时间的根据，参见 *MacBeath*（1993）。

综述

Fraser（1968，第I部分）通过东西方关于时间的思想史揭示了时间对人类的重要意义。A理论和B理论的争论对我们死亡看法的意义参见 *Le Poidevin*（1996）。*Oaklander*（1998）的主题是B理论与人类自由能动性的调和。*Cockburn*（1997，1998）探究了这个争论的伦理

学含意。许多争论的主题是B理论是否需要修正我们对持续通过时间 262
的通常看法。需要修正的观点参见*Lowe*（1998a，1998b）；不需要的
参见*Mellor*（1981，1998）。

参考文献

Alexander, H. G. (ed.) (1956) *The Leibniz - Clarke Correspondence*, Manchester : Manchester University Press.
-
Augustine, St (398) *Confessions*, ed. R. D. Pinecoffin (1961), Harmondsworth : Penguin.
-
Barnes, Jonathan (1982) *The Presocratic Philosophers*, London : Routledge & Kegan Paul.
-
Bennett, Jonathan (1974) *Kan 's Dialectic*, Cambridge : Cambridge University Press.
-
Bigelows, John (1991) ' Worlds Enough for Time ', *Noûs*, 25, 1–19.
-
——(1996) ' Presintism and Properties ', *Philosophical Perspectives* 10, 35–52.
-
Boyer, Carl B. (1968) *A History of Mathematics*, 2nd imp., Princeton : Princeton University Press, 1985.
-
Brand, M. (1980) ' Simultaneous Causation ', in van Inwagen (1980), 137–153.
-
Broad, C. D. (1921) ' Time ', in J. Hastings (ed.), *Encyclopaedia of Religion and Ethics*, Edinburgh, 334–345.
-
——(1923) *Scientific Thought*, London : Routledge & Kegan Paul.
-
——(1938) *An Examination of McTaggart 's Philosophy*, vol. II, pt. I, Cambridge : Cambridge University Press.
-
——(1978) *Kant : An Introduction*, ed. C. Lewy, Cambridge : University Press.
-
Butterfield, Jeremy (1984) ' Relationism and Possible Worlds ', *British Journal for the Philosophy of Science*, 35, 101–113.
-
Clark, Peter, and Read, Stephen (1984) ' Hypertaskes ', Synthese, 61, 387–390.
-
Cockburn, David (1997) *Other Times : Philosophical Perspectives on Past, Present and Futures*, Cambridge : Cambridge University Press.
-
——(1998) ' Tense and Emotion ', in Le Poidevin (1998), 77–91.
-
Cottingham, John, Stoothoff, Robert, Murdoch, Dugald, and Kenny, Anthony, trans. (1991) *The Philosophical Writings of Descartes*, iii: *The Correspondence*, Cambridge : Cambridge University Press.
-
Craig, William Lane (2000) *The Tenseless Theory of Time : A Critical Examination*, Dordrecht : Kluwer.
-
——(2001) *Time and the Metaphysics of Relativity*, Dordrcht : Kluwer.

—and Smith, Quentin（1993）*Theism, Atheism, and Big Bang Cosmology*, Oxford: Clarendon Press.
-

Dainton, Barry（2001）*Time and Space*, Chesham: Acumen.
-

Dorato, Mauro（1995）*Time and Reality: Spacetime Physics and the Objectivity of Temporal Becoming*, Bologna: Cooperativa Libraria Universitaria Editrice Bolgna.
-

Dummett, M. A. E.（1960）'A Defense of McTaggart's Proof of the Unreality of Time', *Philosophical Review*, 69; repr. in Dummett（1978）, 351–357.
-

——（1964）'Bringing About the Past', *Philosophical Review*, 73, 338–359; repr. in Le Poidevin and MacBeath（1993）, 117–133.
-

——（1969）'The Reality of the Past'; repr. in Dummett（1978）, 358–374.
-

——（1978）*Truth and Other Enigmas*, London: Dukworth.
-

Duncan, David Ewing（1998）*The Calendar*, Fourth Estate.
-

Dunne, J. W.（1934）*An Experiment With Time*, 2nd edn., London: Faber & &Faber.
-

Earman, John（1989）*World Enough and Spacetime*, Cambridge, Mass: Mit Press.
-

Fraser, J. T.（ed.）1968）*The Voices of Time*, London: Penguin Press.
-

Gardner, Martin（1982）*The Ambidextrous Universe*, 2nd edn., Harmondsworth: Penguin.
-

Grünbaum, Adolf（1967）*Modern Science and Zeno's Paradoxes*, Connecticut: Wesleyan University Press.
-

Harrison, Jonathan（1971）'Dr Who and the Philosophers', *Proceedings of the Aristotelian Society*, supp. vol. 45, 1–24.
-

Hawking, Stephen W.（1986）*A Brief History of Time: from the Big Bang to Black Holes*, London: Bantam Press.
-

Hintikka, Jaakko（1973）*Time and Necessity*, Oxford: Clarendon Press.
-

Hollis, Martin（1967）'Time and Spaces', *Mind*, 76, 524–536.
-

Hooker, Clifford A.（171）'The Relational Doctrines of Space and Time', *British journal for the Philosophy of Science*, 22, 97–130.
-

Huggett, Nick（ed.）（1999）*Space from Zeno to Einstein*, Cambridge: Mass.: MIT Press.
-

Hussey, Edward（ed.）（1983）*Arestotles's Physics, Books* III *and* IV, Oxford: Clarendon Press.
-

Jammer, Max（1969）*Concepts of Space: The History of Theories of Space in Physics*, 2nd edn, Cambridge, Mass.: Harvard University Press.
-

Kant, Immanuel（1768）'Concerning the Ultimate Foundation of the Differentiation of Regions in Space', in G. B. Kerford and D. E. Walford, *Kant: Selected Precritical Writings*,（1968）, 36–43, Manchester: Manchester

University Press.

—— (1787) *Critique of Pure Reason* , 2nd edn. , trans. by Norman Kemp Smith , 2nd imp. , 1933 , London : Macmillan.

Kirk , G. S. , Raver , J. E. , and Schofield , M. (1983) *The Presocratic Philosophers* , 2nd edn. , Cambridge : Cambridge University Press.

Lear , Jonathan (1981) ' A Note on Zeno 's , Arrow ', *Phronesis* , 26 , 91–104 .

—— (1988) Aristotle : *The Desire to Understand* , Cambridge : Cambridge University Press.

Lee , H. D. P. (1936) *Zeno of Elea* , Cambridge : Cambridge University Press.

Le Poidevin , Robin (1996) *Arguing for Atheism* : *An Introduction to the Philosopthy of Religion* , London : Routledge.

—— (ed.) (1998) *Question of Time and Tense* , Oxford : Clarendon Press.

—and MacBeath , Murray (eds.) (1993) *The Philosophy of Time* , Oxford : Oxford University Press.

Leslie , John (1989) *Universes* , London : Routledge.

Lewis , Daved (1978) ' The Paradoxes of Time Travel ', *American Philosophical Quarterly* , 13 , 145–152 ; repr. in le Poidevin and MacBeath (1993), 134–146 .

Lloyd , G. E. R. (1982) *Early Geek Science* : *Thales to Aristotle* , London : Chatto & Windus.

Lockwood , Michael (1989) *Mind* , *Brain and the Quantum* , Oxford : Blackwell.

Lowe , E. J. (1987) ' The Indexical Fallacy in McTaggart 's Argument for the Unreality of Time ', *Mind* 96 , 62–70 .

—— (1998a) *The Possibility of Metaphysics* , Oxford : Clarendon Press.

—— (1998b) ' Time and Persistence ', in Le Poidevin (1998), 43–59 .

Lucas , J. R. (1973) *A Treatise on Time and Space* , London : Methuen.

—— (1989) *The Future* , Oxford : Blackwell.

Lukasiewica , J. (1967) ' Determinism ', in Storrs McCall (ed.), *Polish Logic* 1920–1939 , Oxford : Oxford University Press.

MacBeath , Murray (1982) ' Who Was Dr Who 's Father? ', *Synthese* , 51 , 397–430 .

—— (1986) ' Clipping Time 's , Wings ', *Mind* , 95 , 233–237 .

—— (1993) ' Time 's Square ', in Le Poidevin and MacBeath (1993), 183–202 .

McCall , Storrs (1994) *A Model of the Universe* , Oxford : Oxford University Press.

McTaggart, J. Mc. E. (1908) 'The Unreality of Time', *Mind*, 17, 457-474.

McTaggart, J. Mc. E. (1927) *The Natures of Existence*, ii, Cambridge: Cambridge University Press; ch. 33 repr. in Le Poidevin and MacBeath (1993), 23-34.

Mellor, D.H. (1974) 'Special Relativity and Present Truth', *Analysis*, 34, 74-78.

—— (1981) *Real Time*, Cambridge: Camgridge University Press.

—— (1998) *Real Time* II, London: Routledge.

Moore, A. W. (1990) *The Infinite*, London: Routledge.

Nerlich, Graham (1991) 'How Euclidean Geometry Has Misled Metaphysics', *Journal of Philosophy* 88, 69-83.

—— (1994a) *The Shape of Space*, 2nd edn., Cambridge: Cambridge University Press.

—— (1994b) *What Spacetime Explains*, Cambridge: Cambridge University Press.

—— (1998) 'Time as Spacetime', in Le Poidevin (1998), 119-134.

Newton-Smith, W. H. (1980) *The Structures of Time*, London: Routledg & Kegan Paul.

Oaklander, Nathan (1984) *Temporal Relations and Temporal Becoming: A Defense of a Russellian Theory of Time*, Lanham: University Press of America.

—— (1994) 'Bigelow, Possible Worlds and the Passage of Time', *Analysis*, 54, 159-166.

—— (1998) 'Freedom and the New Theory of Time', in Le Poidvin (1998), 185-205.

—and Smith, Quentim (eds.) (1994) *The New Theory of Time*, New Haven: Yale University Press.

Owen, G. E. L. (1957-1958) 'Zeno and the Mathematicians', *Preceedings of the Aristotelian Society* 58, 199-122; repr. in Owen (1986), 45-61.

—— (1976) 'Aristotle on Time', In P. Machamer and R. Turnbull (eds.), *Motion and Time*, *Space and Matter*, Columbus: Ohio State Universtiy Press, 3-27; repr. in Owen (1986), 295-314.

—— (1986) *Logic*, *Science and Dialectic*, ed. Martha Nussbaum, London: Duckworth.

Poincaré, Henri (1952) *Science and Hypothesis*, New York: Dover Publications, Inc.

Price, Huw (1996) *Time's Arrow and Archimedes' Point*, Oxford: Oxford University Press.

Prior, A. N. (1970) 'The Notion of the Present', *Studium Generale* 23, 245-248.

Putnam, Hilary (1967) 'Time and Physical Geometry', in H. Putnam, *Mathematics*, *Matter and Method*, Cambridge: Cambridge University Press, 1975, 198-205.

-

Quinton, Anthony (1962) ' Spaces and Times ', *Philosophy*, 37, 130–147; repr. in Le Poidevin and MacBeath (1993), 203–220.

-

Ray, Christopher (1991) *Time*, *Space and Philosophy*, London: Routledge.

-

Reichenbach, Hans (1958) *The Philosophy of Space and Time*, London: Dover.

-

Remnant, Peter, and Bennett, Jonathan (eds.) (1981) *Leibniz 's New Essays on Human Understanding*, Cambridge: Cambridge University Press.

-

Riggs, Peter J. (1991) ' A Critique of Mellor 's Argument against " Backwards " Causation ', *British Journal for the Philosophy of Science*, 42, 75–86.

-

Ross, W. D. (1936) *Aristotle 's Physics*, Oxford: Clarendon Press.

-

Russell, Bertrand (1903) *The Principles of Mathematics*, Cambridge: Cambridge University Press.

-

Sacks, Oliver (1986) *The Man Who Mistook His Wife for a Hat*, London: Picador.

-

Sainsbury, R. M. (1988) *Paradoxes*, Cambridge: Cambridge University Press.

-

Salmon, W. C. (ed.) (1970) *Zeno 's Paradoxes*, Indianapolis: Bobbs-Merrill.

-

Sawyer, W. W. (1955) *Prelude to Mathematics*, Harmondsworth: Penguin.

-

Schlesinger, George (1982) ' How Time Flies ', *Mind*, 91, 501–523.

-

Shoemaker, Sydney (1969) ' Time Without Change ', *Journal of Philosophy*, 66, 363–381; repr. in Le Poidevin and MacBeath (1993), 63–79.

-

Sklar, Lawrence (1974) *Space*, *Time and Spacetime*, Berkeley, Calif.: University of California Press.

-

—— (1981) ' Up and Down, Left and Right, Past and Future ', *Noûs*, 15, lll –29; repr. in Le Poidevin and MacBeath (1993), 99–133.

-

Smart, J. J. C. (1980) ' Time and Becoming ', in Van Inwagen (1980), 3–15.

-

Smith, Quentin (1993) *Language and time*, New York: Oxford University Press.

-

—— (1998) ' Absolute Simultaneity and the Infinity of Time ', in Le Poidevin (1998), 135–183.

-

—and Oaklander, Nathan (1995) *Time*, *Change and Freedom*, London: Routledge.

-

Sobel, Dava (1996) *Longitude*, London: Fourth Estate.

-

Sorabji, Richard (1980) *Necessity*, *Cause and Blame*, London: Duckworth.

-

—— (1983) *Time*, *Creation and the Continuum*, London: Duckworth.
—— (1988) *Matter*, *Space and Motion*, London: Duckworth.

Swinburne, Richard (1981) *Space and Time*, 2nd edn., London: Macmillan.

Tamplin, Ronald (1988) *A Preface to T. S. Eliot*, London: Longman.

Teichmann, Roger (1995) *The Concept of Time*, London: Macmillan.

Tooley, Michael (1997) *Time, Tense, and Causation*, Oxford: Clarendon Press.

Thomson, James (1954) 'Tasks and Super-Tasks', *Analysis* 15, 1-13.

Van Cleve, James (1999) *Problems from Kant*, New York: Oxford University Press.

Van Fraassen, Bas C. (1985) *An Introduction to the Philosophy of Time and Space*, 2nd edn., New York: Columbia University Press.

Van Inwagen, Peter (ed.) (1980) *Time and Cause: Essays for Richard Taylor*, Dordrecht: D. Reidel.

—and Zimmerman, D. (eds.) (1998) *Metaphysics: the Big Questions*, Oxford: Blackwell.

Vlastos, G. (1966) 'A Note on Zeno's Arrow', *Phronesis*, II 3-18.

Walker, Ralph (1978) *Kant*, London: Routledge & Kegan Paul.

Weir, Susan (1988) 'Closed Time and Causal Loops: A Defence against Mellor', *Analysis*, 48, 203-209.

Westphal, Jonathan and Levenson, Carl (eds.) (1993) *Time*, Hackett Publishing Company.

Wright, Crispin (1980) 'Realism, Truth-Value Links, Other Minds and the Past', *Ratio*; repr. in Wright (1993, 85-106).

——(1986) 'Anti-Realism, Timeless Truth and Nineteen Eighty-Four', in Wright (1993), 176-203.

——(1993) *Realism, Meaning and Truth*, 2nd edn., Oxford: Blackwell.

Zimmerman, Dean (1998) 'Presentism and Temporary Intrinsics', in Van Inwagen and Zimmerman (1998), 206-219.

名词索引

A

A-series A-序列 128-135，140-143，144-146，197-201，229-230，241-243

　　see also B-series 参见 B-序列

A-theory A-理论 159，162，242-243

　　see also presentism 参见现在主义

A-universe 140，142，159，162 A-宇宙

Abbott，E. A 阿伯特·E·A 56

absolutism：绝对主义

　　about space 空间~ 37-50，57-61，63-66，93-95，99，161，236-238

　　about time 时间~ 27-28，49-50，237-238

　　see also relationism 参见相对主义

acceleration 加速 33，46-50，58，65

　　argument from absolute 绝对~的观点 48-50，65

Achilles paradox 阿基里斯悖论 101-102，104-105，153，154

affecting/changing distinction 影响/改变的区别 169-170

Alexander of Aphrodisias 阿弗罗迪西亚斯的亚历山大 91

Antinomies of Pure Reason 纯粹理性的二律背反 80

First Antinomy 纯粹理性的第一个二律背反 80-83，92-94

Archytas 阿基塔 89-91，93，95，99

argument：观点

　　from absolute acceleration 绝对加速的~ 48-50，65

　　Aristotle 's，against beginning of time 亚里士多德反对时间开端的~ 77-78

　　Arrow 飞矢悖论的~ 149-162

　　from chirality 手征的~ 68-70

　　against extracosmic space 反对超宇宙空间的~ 42-43

　　from handedness 手性的~ 64-66

　　Kant 's，against spatial infinitude of world 康德反对宇宙无限广延的~ 95-97

Kant 's, for spatial infinitude of world 康德支持宇宙无限广延的~ 92-94

McTaggart 's 麦克塔格特的~ 131-135, 140-141, 143, 159, 162, 168, 182, 235, 241-243

measure 测量的~ 22-24, 37

simultaneity of causation 因果关系同时的~ 226-228

sufficient reason 充足理由的~ 26-28, 37, 74-75

from uncompletability 不可完成性的~ 81-83

see also paradox 参见悖论

Aristotle : 亚里士多德

on the beginning and end of time ~关于时间的开端和结尾的观点 77-78

on change and time ~关于变化和时间的观点 14-18

on infinity ~关于无限的观点 96-97, 106-107, 109, 110-111, 119, 240

on reality of space and time ~关于空间和时间实在性的观点 235

on the void ~关于虚空的观点 31-36

on Zeno ~关于芝诺悖论的观点 102, 151-154

arithmetic 算术 40-41

Arrow paradox 飞矢悖论 102, 149-162, 241

asymmetry : 不对称

logical 逻辑~ 204-205, 233, 244-245

spatial 空间~ 63-64, 94, 238

temporal 时间~ 206-207, 233, 244-245, see also time, direction of 参见时间的方向

atomism : 原子论

of matter 物质的~ 32, 34-35

of space and time 空间和时间的~ 119-121, 152-154, 239-240

Auden, W. H. 13 奥登

Augustine, St, of Hippo 希波的圣奥古斯丁 75-76, 235

B

B-series B- 序列 128-135, 140-143, 198-201, 241, 243-244

B-theory B- 理论 140-144, 159, 168-170, 241, 243-247

B-universe B- 宇宙 140-143, 159, 169, 197

see also B-theory 参见 B- 理论

betweenness 介于 215-217，225-226

Big Bang 大爆炸 75-76，187，238-239

Big Crunch 大坍塌 75-76，238

Bolyai，J. 鲍耶 54

Bouwsma，O. K. 鲍乌斯玛 4

Bradley，F. H. 布拉德雷 235

Broad，C. D. 布罗德 125-127，129-130

bucket experiment 水桶实验 47-50

C

calendar 日历 164-166

causal arrow of time 时间的因果箭头 206-207，212-213，217-233，244-245

    causation 因果关系 79，85，87-88，138-140，170，195

    backwards 逆向~ 181-183

    properties of ~的性质 87-88

    simultaneous 同时的~ 226-228

    see also causal arrow of time 参见时间的因果箭头

change 变化 13-28

    and A-series ~和 A- 序列 128，130-133，143

    B-theory of ~的 B- 理论 143，244

    first-order 第一级~ 16-17

    in objects and facts 事物和事实的~ 169-170

    second-order 第二级~ 16-17

    time and 时间和~ 15-28，128-133，77，143，244

    see also vacua，temporal 参见时间真空

chirality 手征 61，63-64，68-70

    argument from ~的观点 68-70

    defined ~的定义 63

Clarke，S. 克拉克 25

clocks 时钟 2-9

Conrad, J. 康拉德 1-2

continuity 连续性 114-115, 118-119

　　see also divisibility; infinity 参见可分性; 无限

conventionalism about metric 度量的约定主义 6-8, 10-12, 23-24, 60, 236

D

death 死亡 245

Democritus: 德谟克利特

　　atomism ~的原子论 32, 136-137

　　cone paradox ~锥体悖论 115-119

density 稠密性 112

　　see also divisibility 参见可分性

Descartes, R. 笛卡儿 30-31, 137

Dickens, C. 狄更斯 13-14, 136

Dichotomy paradox 二分悖论 102-103, 104-105, 153, 154

dimensionality: 维数

　　defined ~的定义 68

　　of space 空间的~ 36, 56-57, 67-71, 190, 194

　　of time 时间的维数 36, 233

direction of time 时间的方向 86, 202-206, 229-233

discreteness 离散 114-115

　　see also atomism 参见原子论

divisibility: 可分性

　　of space 空间的~ 103-106, 110-111, 153, 239-240

　　of time 时间的~ 151-154, 239-240

doubling in size 体积膨胀1倍 59-60

E

earlier than relation, properties of 早于关系的性质 204-205

    see also time order, analyses of 参见时间顺序的分析

Einstein, A. 爱因斯坦 191

Eliot, T. S. 艾略特 83-84

Elizabeth of Bohemia 波希米亚的伊丽莎白公主 30-31

entropy 熵 208-213, 217-218, 219

Euclid 欧几里得 53-57

    see also geometry 参见几何

Euler, L. 欧拉 10

experience argument 体验的观点 18-22, 36

extracosmic space, argument 超宇宙空间的观点

    against 反对~ 42-43

F

facts 事实 169-170

fine tuning 微调 187-189, 201

finitism 有限主义 106-107, 110, 153, 239-240

first cause argument 第一因的观点 79

forces 力 33, 46-50, 60, 61, 65, 70, 91, 111, 238

fourth dimension 第四维 67-71, 194, 232, 246-247

Fox Talbot, W. 福克斯·塔尔博特 148

freedom 自由 167-170, 245-246

    future: 将来

    affecting 影响~ 169-170

reality of ~的实在性 126, 134, 168, 243-244

G

Galilei, G. 伽利略 32, 35, 44

Gauss, C. 高斯 54, 55

geometry 几何 40-41, 53-61, 99, 120-121

 non-Euclidean 非欧~ 54-61, 121, 237

globes experiment 双球实验 46-50

God 上帝 31, 79, 188, 212

gravitation 引力 33, 70

Greenwich Observatory 格林尼治天文台 1-2

Gregorian calendar 格里历 164-166

Guericke, O. von 居里克 36

H

handedness 手性 62-69, 94-95

 argument from ~的观点 64-66

 defined ~的定义 64

Hegel, G. W. F. 黑格尔 128

'here' "这里" 123, 134-135

Hubble, E. 哈勃 73-74

I

incongruent counterparts 不全等配对 63-64, 66, 93, 94-95

infinite 无穷, 无限 43, 81-83, 92-99, 234

 actual versus potential 实~和潜~ 96-97, 106-107, 109, 153, 240

 divisibility ~可分性 102, 103-119, 152-154, 234

infinitesimals 无穷小 104

intrinsic properties 内在性质 158

instants 瞬间 150-157

J

Johnson, S. 约翰逊 165

Julian calendar 儒略历 164-166

K

Kant, I. : 康德

on beginning of time ~关于时间开端的观点 80-83

on handedness and space ~关于手性和空间的观点 62-66, 69

at Königsberg ~在哥尼斯堡大学 62, 79-80

on reality of space and time ~ 关于空间和时间实在性的观点 34, 85, 88, 235

on spatial infinitude of the world ~关于宇宙无限广延的观点 92-97

on uniqueness of space ~关于空间唯一的观点 193

Korsakov 's syndrome 科萨科夫综合症 213-214

L

laws 定律 189-190

see also motion, Newton 's Laws of 参见牛顿的运动定律

Leibniz, G. W. : 莱布尼茨

on absolute space and motion ~关于绝对空间和绝对运动的观点 45-46, 50, 59, 60

on the beginning of the world ~关于宇宙开端的观点 25-26

correspondence with Clarke ~和克拉克的通信 25

　　　on genealogical analogy of space ~对空间的家谱树类比 38-39

　　　on sufficient reason ~关于充足理由律的观点 25-26，42

　　　on time without change ~关于没有变化发生的时间的观点 22-24

Lewis，D. 刘易斯 174

light 光 74，99，191-192

Lobachevsky，N. 罗巴切夫斯基 54

Locke，J. 洛克 137，213

M

McTaggart，J. Mct. E. ：麦克塔格特

　　　A-series/B-series distinction，see A-series；B-series ~对A/B序列的区分，见A-序列；B-序列

　　　at Cambridge ~在剑桥大学 127-128，146

　　　proof of unreality of time ~对时间非实在性的证明 131-135，140-141，143，159，162，168，182，235，241-243

Marey，E. 马雷 149

Mary，Queen of Scots 苏格兰的玛丽女王 83-84

measure argument 测量的观点 22-24，37

memory 记忆 213-214

　　　see also psychological arrow of time 参见时间的心理学箭头

metaphysical necessity 形而上学的必然性 109-110

metric 度量 6-8，10-12，22-24，60，236

modality 模态 109-110，220-221

moments 时刻 111-115，149-163

moncupator 无形物 19-20

monism 一元论 102

Moore，G. E. 摩尔 127-128，146

More，H. 莫尔 31

motion：运动

　　　absolute versus relative 绝对~和相对~ 44-50

dynamic account of ~的动态描述 158–159, 161–162

first moment of, see Transition paradox ~的第一时刻, 见跃变悖论

and geometry ~和几何 58–59

Newton 's Laws of 牛顿的~定律 8–12, 60, 70, 91

perception of ~的观察 149

static account of ~的静态描述 155–156, 157–158, 160–162

unreality of, see Zeno of Elea ~的非实在性, 见爱利亚的芝诺

see also acceleration 参见加速

multiverse 多元宇宙 188–190

Muybridge, E. 迈布里奇 148–149, 155

N

Newton, I. 牛顿 46–47, 50

see also motion, Newton 's Laws of ; bucket experiment ; globes experiment 参见牛顿
的运动定律 ; 水桶实验 ; 双球实验

' now ' " 现在 "123–124, 143–146, 156–158

see also time, passage of 参见时间的流逝

numbers 数 96

O

objectivism about metric 度量的客观主义 6–8, 10–12, 23–24, 236

omnipresence, divine 神无所不在 31

Orwell, G. 奥威尔 170–173, 242

P

paradox : 悖论

　　Achilles 阿基里斯~ 101-102，104-105，153，154

　　Archytas' 阿基塔~ 89-91，93，95，99

　　Arrow 飞矢~ 102，149-162，241

　　Democritus' cone 德谟克利特的锥体~ 115-119

　　Dichotomy 二分~ 102-103，104-105，153，154

　　First Antinomy 第一个二律背反~ 80-83，92-94

　　McTaggart's，see McTaggart 麦克塔格特~

　　Parts and Wholes 部分和整体~ 103-104

　　Thomson's Lamp 汤姆逊灯的~ 107-110

　　of time travel 时间旅行~ 174-181

　　Transition 跃变~ 111-115

　　of the void 虚空~ 32-33

Parmenides 巴门尼德 24，102，235

Parts and Wholes paradox 部分和整体悖论 103-104

past : 过去

　　alterability of ~的可改变性 167-180

　　reality of ~的实在性 135-140，170-174，177-178

persistence 连续地存在 246-247

personal/external time distinction 个人/外部时间的区别 174-176

photography 照相术 148-149

Plato 柏拉图 15，89，102

Poincaré，H. 庞加莱 59，98-99

possibility 可能性 39-40，220-221，226-227

present 现在 77-78，143-146，154，156-163

see also A-series ; presentism 参见 A-序列；现在主义

presentism 现在主义 136-140，159-163，170-174，177-178，182，199，241-242

probability 概率 185-189，209-211，213

psychological arrow of time 时间的心理学箭头 206-207，211-218，219，231-233，244-245

Pythagoras ' theorem 毕达哥拉斯定理 120-121

R

Railway Time 铁路时间 2
red shift phenomenon 红移现象 74
reflexivity 自反性 87
relationism : 相对主义
    about space 关于空间的~ 37-50, 58-61, 64-66, 93-95, 161, 236-238
    about time 关于时间的~ 27-28, 49-50, 236-238
Riemann , G. 黎曼 55
Russell , B. 罗素 127-128, 146, 155
Rutherford , E. 卢瑟福 146

S

Saccheri , G. 萨凯里 54
Sacks , O. 萨克斯 213-214
Simplicius 辛普里丘 150
simultaneity 同时性 221-225, 226-228
    see also B-series 参见 B- 序列
soul 灵魂 30-31
space : 空间
    absolute , see absolutism 绝对~ , 见绝对主义
    atoms of ~原子 119-121, 152-154, 239-240
    branching 分支~ 192-193
    closed 封闭的~ 99
    curved 弯曲的~ 99
    continuity/density of ~的连续性和稠密性 113, 153, 154

see also divisibility 参见可分性

dimensionality of，see dimensionality of space ～的维数，见空间的维数

divisibility of ～的可分性 103-106，110-111，239-240

edge of ～的边缘 89-99，238

empty ～真空 31-40，61

extracosmic 超宇宙～ 42-43

as a field of force 作为力场的～ 61，70，111，238

as a form of intuition 作为一种直觉的形式的～ 81

genealogical analogy of ～的家谱树类比 38-39

geometry and 几何和～ 40-41，54-61，121，237

multiple 多个～ 190-195

non-Euclidean 非欧～ 54-61，121，237

points in ～中的点 39-41，60-61

as possibility of location 作为位置可能性的～ 39-40

reality of 空间的实在性 234-235，242

relationist theory of，see relationism 空间的相对理论，见相对主义

unity of ～的唯一性 190-195，242

spatial B-series 空间的 B-序列 135

straight lines 直线 52-56，99

sufficient reason，principle of 充足理由律 25-28，78

sufficient reason argument 充足理由的观点 26-28，37，74-75

synthetic a priori 综合的和先天的 235

T

tense 时态 129

　　see also A-series 参见 A-序列

tenseless expressions 没有时态的表达 129

　　see also B-series 参见 B-序列

thermodynamic arrow of time 时间的热力学箭头 206-213，219，244-245

Thermodynamics，Second Law of 热力学第二定律 207-213

Thomson，J. 汤姆逊 107-108

Thomson 's Lamp 汤姆逊的灯 107-110

time：时间

　　absolutist theory of，see absolutism ~的绝对理论，见绝对主义

　　atoms of ~原子 119-121，152-154，239-240

　　backwards ~倒流 202-203

　　beginning of ~的开端 75-88，93

　　branching 分支的~ 200

　　and causality ~和因果关系 195

　　and change ~和变化 15-28，77；see also vacua，temporal 参见时间的真空

　　cyclic 循环的~ 84-88，239

　　continuity/density of ~的连续性 / 稠密性 112-115，152-154

　　dimensionality of，see under dimensionality ~的维数，见维数

　　direction of ~的方向 86，202-226，229-233

　　discrete 离散的~ 119-121，152-154

　　divisibility of ~的可分性 239-240

　　empty ~真空 17-28，75-76，236-237

　　existence and 存在和~ 177-178，197-200

　　experience of ~的体验 4-5，17-19，148-149，231-233，244-245

　　external 外部~ 175-176

　　as a form of intuition 作为直觉的一种形式的~ 81

　　human significance of ~对人类的重大意义 245-247

　　metaphors of ~的比喻 125-127

　　metric of，see metric ~的度量，见度量

　　moments in ~里的时刻 111-115，149-163

　　multiple 多个~ 195-201，242-243

　　order，see time order，analyses of ~顺序，见时间顺序的分析

　　passage of ~的流逝 86-87，122-146，229-230，232-233，240，245-246；see also
　　A-seires 参见 A- 序列

　　personal 个人的~ 174-176

　　rate of flow of ~流逝的速率 125-126

　　reality of ~的实在性 128-135，234-236

　　relationist theory of ~的相对理论，see relationism 见相对主义

　　travel in ~旅行 174-182

　　unity of ~的唯一性 195-201，242-243

time order, analyses of : 时间顺序的分析

　　causal 时间顺序的因果分析 218-233, 244-245 see also causal arrow of time 参见时间的因果箭头

　　psychological 时间顺序的的心理学分析 214-218 see also psychological arrow of time 参见时间的心理学箭头

　　thermodynamic 时间顺序的热力学分析 210-213 see also thermodynamic arrow of time 参见时间的热力学箭头

time travel 时间旅行 174-182

Torricelli, E. 托里拆利 35-36

Transition paradox 跃变悖论 111-115

transitivity 传递性 87

two slit experiment 双缝干涉实验 191-193, 201

uncompletability, argument from 不可完成性的观点 81-83

unoccupied points 虚点 39-41, 60-61 see also vacua, spatial 参见空间真空

vacua : 真空

　　spatial 空间~ 31-40, 61

　　temporal 时间~ 17-28, 36-37, 59, 75-76, 80

verificationism 证实主义 7, 18, 19-20, 23

void, see vacua, spatial 虚空, 见空间真空

W

Wells, H. G. 韦尔斯 232-233, 246-247
Wittgenstein, L. 维特根斯坦 20-21, 82

Y

Young, T. 杨 191

Z

Zeno of Elea 爱利亚的芝诺 102-107, 115, 148-159, 235, 241
    Achilles ~的阿基里斯悖论 101-102, 104-105, 153, 154
    Arrow ~的飞矢悖论 102, 149-162, 241
    Dichotomy ~的二分悖论 102-103, 104-105, 153, 154
    Parts and Wholes ~的部分和整体悖论 103-104

译后记

译者
2005 年 4 月，北京

　　时间和空间是人们最真切的生活体验和最习以为常的概念。我们自身始终处于一定的时间和空间里。我们谈论某个事件时，首先要明确它什么时间发生在什么地点；确定某个物体时，也需要说出它什么时间处于什么位置。我们从自己生命的变化意识到时间是朝一个方向流逝的。我们感觉到时间和空间好像是无穷无尽的，既没有开端又没有结尾。本书的作者正是从人们日常的时间和空间的经验出发，用不那么深奥的语言和许多饶有趣味的事例，通过展示时间和空间引起的各种各样的问题和悖论来引导读者去发现时间和空间的不平凡之处。

　　作者在书中提出了很多问题。时间本质上是一种变化吗？空间是独立于它里面的物体吗？时间和空间是无限的并可以无限分割吗？时间和空间是实在的吗？它们是唯一的吗？现在时刻是唯一的吗？我们可以回到过去吗？时间箭头能够反转吗？等等。但书中没有给出任何一个问题的明确答案，而且也不可能给出答案。作者只是想通过亚里士多德、莱布尼茨、康德和麦克塔格特等哲学家对这些问题的回答来引发读者的思考，并做出自己的解释。实际上，关于时间和空间的许多问题很直观，但是不好回答。比如，我们可以在不同时间位于同一个位置吗？初看起来似乎可以。只要我们坐着一动不动，不就是在同一个位置经历了不同的时间吗？可是，地球以近似周期性的方式绕太阳运动，太阳的位置也绕银河系中心在变。所以，只要不存在绝对的、静止的空间，我们就无法在不同时间位于同一个位置。那么，存在绝对的、静止的空间吗？我们移动一个实心的物体时，这个物体挤开空气之后所占据的东西就是绝对空间吗？如果没有绝对的空间，那空间是相对的从而依赖于它里面的物体吗？如果我们把一块橡皮拧弯，那么橡皮的空间也弯曲了吗？又比如，没有变化，时间还存在吗？没有"我"，时间还存在吗？我的时间和其他人的时间一样吗？昨日之我还存在吗？昨日之我和今日之我是同一个"我"吗？这些问题难于回答的原因在于我们根本不知道时间和空间是什么东西，虽然我们能感觉到它们，知道它们具有一些特定的性质。有的人认为时间和空间是物质的容器，是独立于物质的实在，也有的人认为它们不过是物质存在的形式，或者是由物质衍生的东西。有的人认为时间和空间是我们认识身外世界的媒介，也有的人认为它们只是我们意识构造的产物。然而，这些观点不是导致本书中提到的那些悖论，就是和我们对时空的直观感觉相抵触。

需要特别指出的就是，本书用很大篇幅讨论了时间的流逝、时间的方向和"现在"的特殊地位。虽然时间的流逝和方向是密切相关的，但不能把它们混为一谈。时间在流逝并不一定意味着时间从过去流到现在再流向将来，因为从将来到现在再到过去也是一种流逝。为了解释时间的方向，作者提供了三种可能的分析：热力学分析，心理学分析和因果分析。但是，三种分析都不能很好地解释时间的方向。热力学分析不能绝对保证时间箭头始终朝一个方向，心理学分析使得时间的方向依赖于个人的意识，而因果分析导致了时间的方向是局部的。

时间的流逝和方向或许可以通过解释另一个问题——"现在"的特殊地位来理解。这里可以借用亚里士多德在《物理学》里所做的阐述来说明这个问题。他说"作为这种分开时间的现在，是彼此不同的，而作为起连结作用的现在，则是永远同一的。就像数学上运动的点画出线的情况那样：从理性看来，点是永远不相同的（因为在分割线的时候，各个分割处的点都是不同的），而作为一个画出这条线的点，则始终是同一的"。可是，亚里士多德没有指出两者的区别："现在"是时间的一部分，而画线的点不是空间的一部分。所以，"现在"既是时间的不同部分，又是时间的同一部分。而这正是它的特殊地位所在。

翻译本书的过程既是理解作者介绍的时空学说的过程，也是梳理译者自己的时空观的过程。芝诺悖论应该是在小学的课外读物里接触的。虽然书上说是由于时间和空间的连续性造成的，但当时没有能力理解这个解答。牛顿的绝对时空观和爱因斯坦的相对时空观是中学时才知道的。但对水桶实验为什么可以证明绝对空间的存在以及牛顿为什么要用它来证明绝对空间不甚了了。后来到大学时，知道有实无穷和潜无穷的区别。可是也不太清楚怎么一回事，只是隐约感觉到两者有什么区别。现在译完这本书之后，对这些问题才有种豁然开朗的感觉。不知道是不是其他人也有同样的困惑。如果有，本书应该能让大家明白为什么有这样的问题，这些问题背后的深层涵义是什么，这些问题又有些什么样的答案，而不只是简简单单地把这些当作一种硬拷贝过来的知识固化在自己的脑子里。

时间和空间的哲学具有实际的指导意义。它影响着我们的思想，更指导着我们的行为。任何人在同一时间不能处于不同的空间位置应该是波洛神探的破案信条。而对信奉"谁控制了过去谁就控制了现在，谁控制了现在谁就控制了将来"的独裁者来说，只要努力消除了历史记忆，真相也就不复存在。反之，相信"天行有常"的人们坚信，一切真相都将昭然于世。所以，他们愿意忍耐等待。

书中一些引文的翻译没有从已有的中译本中摘用，而是译者自己翻译的。比如，作者引自《纯粹理性批判》和《物理学》的几段文字。人名的翻译则参考了《世界人名翻译大辞典》（新华通讯社译名室编，1993）。译著中的注释都是译者加注的，采用的资料很多是从因特网上搜索而来的。这一点是我们比之网络时代之前的翻译工作者幸运的地方。朋友李泳校读了整篇译稿，指出了其中的不少错误，并提出了很多修改意见。在此对他表示谢意。

图书在版编目（CIP）数据

四维旅行 /（英）R.L. 普瓦德万著；胡凯衡，邹若竹译 . — 长沙：湖南科学技术出版社，2018.1
（2022.1 重印）
（第一推动丛书 . 综合系列）
ISBN 978-7-5357-9443-7

Ⅰ . ①四… Ⅱ . ① R… ②胡… ③邹… Ⅲ . ①时空—相对论—普及读物 Ⅳ . ① O412.1
中国版本图书馆 CIP 数据核字（2017）第 210770 号

湖南科学技术出版社通过安德鲁·纳伯格联合国际有限公司获得本书中文简体版中国大陆独家出版
发行权
著作权合同登记号 18-2004-066

SIWEI LÜXING
四维旅行

著者
[英] R.L. 普瓦德万

译者
胡凯衡 邹若竹

责任编辑
吴炜 戴涛 杨波

装帧设计
邵年 李叶 李星霖 赵宛青

出版发行
湖南科学技术出版社

社址
长沙市湘雅路 276 号
http://www.hnstp.com

湖南科学技术出版社

天猫旗舰店网址
http://hnkjcbs.tmall.com

邮购联系
本社直销科 0731-84375808

印刷
湖南省汇昌印务有限公司

厂址
长沙市开福区东风路福乐巷45号

邮编
410003

版次
2018 年 1 月第 1 版

印次
2022 年 1 月第 7 次印刷

开本
880mm×1230mm 1/32

印张
10.25

字数
211000

书号
ISBN 978-7-5357-9443-7

定价
49.00 元